宝宝辅食
添加百科

指导专家 童笑梅

李佳 编著

宝宝爱吃，妈妈易做
专业阶梯营养辅食
适合宝宝娇嫩的肠胃

四川科学技术出版社

前　言

时间飞逝，臂弯里的小人儿要开始添加辅食了。你做好心理准备了吗？关于怎么给宝宝科学添加辅食，你都了解了吗？

什么时候添加辅食更合适？

第一口辅食该吃什么？

以后每阶段该吃什么？

带宝宝体检后，医生说宝宝有点缺钙，回家该怎么食补？

宝宝生病时辅食添加要注意什么？

这些宝宝成长中大大小小的日常问题，是不是让初为人母的你觉得千头万绪、无所适从呢？

面团妈妈作为一个 6 岁宝宝的妈妈和一个国家公共营养师，想告诉妈妈们首先不要急，要放松心态。我们也是第一次做妈妈，和宝宝一样也要不断成长。这是一本诚意满满的辅食添加书，在这本书里我将和你分享关于辅食添加的点点滴滴，希望你也能够轻松度过宝宝的这个重要成长阶段。

《宝宝辅食添加百科》是一本零基础的辅食添加书，从宝宝 6 个月添加第一口辅食开始就给你详细的实操指导，你也许会说我是个"厨房菜鸟"，怎么应付辅食添加如此等大事……不要担心，营养专家不仅为你的宝宝量身打造了 170 多道辅食，而且会告诉你辅食制作的厨房小秘籍，让你轻松搞定厨房里的那些事，以及辅食添加的种种术语和一些技法。而且在宝宝每个月龄，都会给你详细的菜谱及营养指导和当月宝宝身体发育指标，每月辅食添加中的误区等，为你解惑，让你不会误入误区，让你快速掌握宝宝辅食添加这些事，迅速晋级为"辅食达人"的行列。

书中很详细地告诉你每道辅食都要准备些什么食材，每道菜面团妈妈都会给你详细的营养指导及功效指导，还有超级"啰唆"制作辅食中的 TIPS（小贴士），让你很快就能跟着操作。

宝宝在成长过程中，发烧、咳嗽都是不能避免的，本书也很有爱地专门为宝宝准备了生病后的一些食谱，帮助宝宝尽快恢复健康。还有很多"功能食谱"，比如长高食谱、补钙食谱等，让宝宝可以在特殊身体发育时期获得充足的营养。这些贴心的内容相信会让妈妈们不再为宝宝添加辅食而焦虑。

目录 CONTENTS

第三章
吞咽型辅食
（6个月，宝宝的第一口辅食从米粉开始）

第四章
蠕嚼型辅食
（7个月，宝宝可以尝试混搭啦！）

第五章
蠕嚼型辅食
（8个月，开始添加蛋黄啦！）

第六章
细嚼型辅食
（9个月，尝尝豆腐和豆泥，鱼泥也可以来点）

第七章
细嚼型辅食
（10 个月，宝宝可以吃虾啦！）

第八章
咀嚼型辅食
（11个月，宝宝来点软饭吃吃）

第九章
牙齿初长成之软烂型辅食
（1岁了，来点有质感的食物，宝宝能吃全蛋啦！）

第十章
功能型辅食
（特殊需求宝宝怎么吃？）

第十一章
应对宝宝小毛病，
辅食怎么吃？

第一章

辅食添加，妈妈们最关心的问题

·············· • ··············

　　辅食添加是宝宝喂养的很重要的一个阶段，面对如此重要的阶段，妈妈们会比较紧张。而且这个阶段也正是妈妈们疑惑最多的阶段：应该从几个月开始给宝宝添加辅食？第一口辅食是吃蛋黄还是米粉？辅食添加的顺序是什么？本章就是为妈妈们解惑的，解答在辅食添加中妈妈们最关心的 16 个问题，并做出解答，让妈妈们可以不再困惑地听着众多消息，茫然地面对辅食添加，而是信心满满地面对宝宝添加辅食的每一餐。加油！

为什么要给宝宝添加辅食？

0～6个月，母乳是宝宝最合理的"营养配餐"，能提供6个月内婴儿所需的全部营养。但随着宝宝渐渐长大，母乳喂养已经不能完全满足宝宝对能量及营养的需求，这时候就必须引入其他营养丰富的食物。与此同时，婴幼儿胃肠道等消化器官的发育、感知觉及认知行为能力的发展，也需要其有机会通过接触、感受和尝试，逐步体验和适应多样化的食物，从被动接受喂养转变到自主进食，这也是宝宝自立的第一步。不过，同时需要强调的是，开始添加辅食并非意味着就可以忽视母乳或配方奶粉了。母乳仍然是重要的营养来源，婴儿的辅助食品又称"断奶食品"，其含义并不仅仅指宝宝断奶时所用的食品，而是指从单一的乳汁喂养到完全"断奶"这一阶段时间内所添加的"过渡"食品。

给宝宝添加辅食从几个月开始合适？

目前，我国卫生部门提出的建议是在6个月后再添加辅助食物。具体到每个宝宝什么时候开始添加辅食，父母应视宝宝的健康及生长的实际状况决定。辅食并非越早添加越好，但也不能过晚。

之所以要到6个月后才开始给宝宝添加辅食，是因为6个月前的宝宝消化功能尚未发育完善，过早添加辅食易引起过敏、腹泻等问题。辅食添加太早会使母乳吸收量相对减少，而母乳的营养是最好的，这样替代的结果得不偿失。对母乳供给充足的宝宝过早添加辅食会造成早期的肥胖。

辅食添加太晚的风险在于不能及时补充足够的营养。比如，母乳中铁的含量是很少的，如果超过6个月不添加辅食，宝宝就可能会患缺铁性贫血。国际上一般

认为，添加辅食最晚不能超过8个月。另外，半岁左右宝宝进入味觉敏感期，及早添加辅食让他接触多种质地或味道的食物，对日后避免偏食和挑食有帮助。很多6个月的宝宝开始萌出乳牙，这个阶段是小儿味觉发育和培养咀嚼能力的关键期，因此，在宝宝6个月后开始添加辅食效果最好。

宝宝需要添加辅食的真正信号

从6个月开始，宝宝身体的活动大幅增加，他需要过渡到吃固体辅食的阶段，但是你怎么知道宝宝已经做好吃第一勺固体食物的准备了呢？

● 给予少许帮助，他可以坐起来。

● 能够保持头部的稳定。

● 当把食物端到他面前时，他会张开嘴或者身子向前倾。

● 当把食物送到他嘴里时，他能够吞咽下去，而不是吐出来。

● 大人吃东西时，宝宝在一旁会很专注地盯着大人，而且还会伸手去抢大人的筷子或吃的东西，还会馋得直流口水。

● 喂奶形成规律，喂奶间隔大约 4 小时，每日喂奶 5 次左右。

宝宝的第一口辅食是米粉还是蛋黄？

很多妈妈或者家里的老人给宝宝添加的第一种辅食都会是蛋黄，但是目前儿

童保健和营养专家一致的意见是，宝宝的第一餐应该添加精细的谷类食物，最好是强化铁的婴儿营养配方米粉1段。这是因为：一方面精细的谷类很少引发过敏反应；另一方面由于4～6个月后，宝宝从母体吸收储存到体内的铁逐渐消耗殆尽，母乳中的铁含量相对不足，这个时期宝宝对铁的需求量明显增加，容易发生缺铁性贫血。而婴儿营养配方米粉1段中含有适量的铁元素，营养配比相对均衡，妈妈非常容易调制成均匀糊状，调制量任意选择，随时选用，而且味道淡，接近母乳或配方奶粉，宝宝很容易接受。

宝宝辅食添加的原则是什么？

宝宝辅食添加也要讲究原则，什么事情都要有先后顺序，掌握好基本原则才可以把辅食添加的事情搞明白，添加好。

循序渐进地增多量

第一次添加辅食1 ~ 2勺（每勺3 ~ 5毫升）。每日添加1次即可，宝宝消化吸收得好再逐渐加到2 ~ 3勺。

辅食种类从一种到多种

刚开始只尝试一种与月龄相配的食材，尝试1周以后没有过敏反应，如呕吐、腹泻、皮疹等，再试着添加另一种食材。如果将几种新食材同时添加，一旦宝宝出现不耐受现象，家长很难一下子发现原因。

一天中添加辅食的时间

辅食喂养次数为每天2次，辅食喂养时间为两次喂母乳或配方奶之前，妈妈们注意：不是两次喂奶之间哦！因为宝宝初期辅食不够一顿饭的量，先吃辅食紧接着喂奶，可以让宝宝一次吃饱。添加辅食后，宝宝的进食时间和次数都不应该有明显改变，所不同的是两次喂奶前有辅食的先期食入。这一点妈妈们要牢记。

辅食质地怎么拿捏？

从稀到稠

先从浓稠的汤汁食物到泥糊状食物，再从流质到半流质食物，最后过渡到固体性的食物。

由细到粗

开始添加辅食时食物要呈泥糊状、软滑、易咽；而后随着宝宝不断成长，辅食的质地也要慢慢变得粗大，待宝宝要出牙时或正在长牙时颗粒就要更加粗大一些，

以便促进宝宝牙齿顺利生长，锻炼宝宝咀嚼能力。咀嚼能力的发展和后期的语言能力的发展很有关系，因此，妈妈们要在宝宝不同的月龄给他们不一样质地的辅食。

辅食添加的顺序是什么？

辅食添加是有顺序的，如果打乱了顺序，宝宝幼嫩的肠胃就很容易消化不了，造成胃肠负担。

中国营养学会最新制定的《6～12月龄婴儿喂养指南》中建议的添加辅食顺序是：

谷类食物（如婴儿营养配方米粉）；

蔬菜泥、水果泥（注意是先加蔬菜后加水果）；

动物性食物（顺序为蛋黄泥、鱼泥、肉泥、全蛋、肉末）。

要用小勺喂辅食还是奶瓶？

妈妈要使用小勺而不是奶瓶喂辅食，这样做最重要的好处就是锻炼宝宝的咀嚼能力和吞咽能力，为以后能更好地过渡到吃固体的食物做准备。可选择大小合适、质地较软的勺子，开始时只在勺子的前面装少许食物，轻轻地平伸，放到宝宝的舌尖上。妈妈也可以选择有感温的勺子，能让妈妈监控勺中食物温度，当温度超过40摄氏度时，勺子就会变色，这种勺子可以防止粗心的妈妈将宝宝烫伤。

什么时候给宝宝添加蛋黄？怎样给宝宝添加蛋黄？

建议7～8个月后再给婴儿加蛋黄，1岁后添蛋清。给宝宝初次添加蛋黄时，开始可以添加1/4个，兑适量温开水搅成稀糊状，然后喂食。如果担心过敏，开始可以再少加点，喂1/8个蛋黄，没有不良反应，再过渡到1/4个蛋黄，然后慢慢增量即可。

怎样判断宝宝是否吃得够量？

宝宝每顿饭的胃口都会不一样，因此，你没法根据一个严格的量来判断宝宝是不是吃饱了。

如果宝宝身体向后靠在椅子上，把头从食物的方向转开，开始玩勺子，或者不愿意张嘴再吃一口，就说明宝宝很可能已经吃饱了。有时候宝宝不张嘴是因为上一口还没吃完，因此，一定要给宝宝留下足够的时间吞咽。宝宝对食物的接受状况非常重要，家长千万不要以其他宝宝的进食状况作为自己宝宝进食的标准。

如何知道宝宝的辅食添加得是否好？

如何知道宝宝的辅食添加的是否好呢？主要是看宝宝进食的情况是否正常，宝宝的大小便是否正常，以及宝宝的生长发育是否正常。另外，在吃辅食的时候或者吃奶的时候都有一个相对准确的饥饿点，如果他老是在这个点之前就饿了，可能就是没有吃饱。如果营养补充很规律，

基本上到点他就可以吃。这也是一个评估宝宝是不是吃饱的标准。还有就是从宝宝的大小便判断，如果宝宝大便很少，排除便秘的情况之外，也可能有宝宝吃不饱的情况。最重要的一个指标，那就是宝宝的生长发育，不管爸爸妈妈主观上觉得自己的宝宝吃得多还是少，如果宝宝的生长发育指标是正常的，也就是身高、体重都是正常的，这个辅食就应该是比较合适的。

可以把泥糊和奶混在一起吃吗？

有的妈妈为了省事，会把泥糊状食物和奶混在一起喂给宝宝，这是一个误区。给宝宝加泥糊状食物，一方面是为了给他加营养，另外一方面也是帮助他练习咀嚼。咀嚼是需要锻炼的，必须让他训练舌头的搅拌能力才可以。

七八个月还可以给宝宝吃颗粒细腻的辅食吗？

8个月以后，仍然给孩子吃颗粒非常细腻的辅食，这样也不好。因为7～9个月，从医学角度来说，孩子就进入食物的质地敏感期。因为进入质地敏感期，再加上孩子7～8个月逐渐开始长牙了，牙龈有痒痛的感觉，所以他特别喜欢吃稍微有点颗粒，稍微比4～6个月的辅食粗糙一点的食物，感觉吃起来比较有意思，而且也帮助摩擦牙龈，以便尽快出牙。因此，8个月以后，辅食就不能太细腻了，应该自己做一点肉末、菜末、烂粥，这样孩子吃起来可能兴趣更大一些。

辅食添加让宝宝自己做主

在辅食量的选择上，妈妈不要过分地给宝宝做主，其实孩子自己最知道应该吃多少，关于这个年龄段的婴幼儿，喂养过量的相对来说比较多，也就是说小胖子比较多。在喂养的过程中，一个是注意量的把握，另外一个是在种类的选择上，不要给宝宝选择太多的含能量过高的食物。这个阶段也是一个口味养成的关键时期，应该让宝宝尽可能地食用健康的清淡口味的食物，不要添加太多的调味品，并且盐少放。如果爸爸妈妈心疼宝宝，把味道做得很重，不利于宝宝将来养成清淡口味。再大一些，宝宝处于咀嚼功能发育的关键时期，在这时应该相应地给宝宝选一些质地硬的东西，比如说像切成条的水果，或者是萝卜条、馒头片，让他啃一啃，对于宝宝的正常发育都是有好处的。

妈妈不要忽视让宝宝愉快"进餐"

家长都很重视宝宝从辅食中摄取的营养量，却往往忽视培养宝宝进食的愉快心理。在给宝宝喂辅食时，首先要为宝宝营造一个快乐和谐的进食环境，最好选在宝宝心情愉快和清醒的时候喂食。宝宝表示不愿吃时，千万不可强迫宝宝进食，因为这会使宝宝产生受挫感，给日后的生活带来负面影响。

妈妈不要忽视健康饮食的重要性

给宝宝添加辅食的最终目的是帮助宝宝建立起健康的饮食习惯。如果有可能的话，优先选择应季的农产品，不必追求那些不合时宜的水果。比如说，春天不必一定要吃西瓜，最好等到7月再大快朵颐；秋天不一定要大吃草莓，因为它是5月的美味。如果有可能的话，优先选择本地出产的农产品。本地产品不仅成熟度好，营养流失小，而且不需要用保鲜剂处理，污染较小，运输费用、包装费用、冷藏费用等也较低。盲目追求那些漂洋过海远道而来的进口水果是不明智的。应多了解自然，知道食物自然成熟的季节，帮助宝宝了解它们本来的味道是什么样。

第二章

辅食制作基础课

· · · · · · · · ● · · · · · · ·

　　宝宝到了 5 个多月，妈妈们就要开始考虑宝宝的辅食添加问题了。不知道妈妈们是否有一种无从下手的感觉？除了碗和勺子，还应该准备些什么？在辅食制作过程中又应该注意或规避哪些问题呢？

辅食添加，需要准备的工具有哪些？

锅类

小汤锅

烫熟食物或煮汤用，也可用普通汤锅，但小汤锅省时节能。汤锅要带盖的。

蒸锅

蒸熟或蒸软食物用，是辅食常用的烹饪工具。常用蒸锅就可以了，也可以使用小号蒸锅，省时节能。

制作工具必备单品

菜板

菜板要常洗、常消毒。最简单的消毒方法是开水烫，也可以选择在日光下晒。最好给宝宝用专用菜板制作辅食，这对减少交叉感染十分有效。

刀具

给宝宝做辅食用的刀最好与给成人做饭时用的刀分开，以保证清洁。每次做辅食前后都要将刀洗净、擦干，以减少因刀具不洁而污染辅食的情况出现。

过滤器

一般的过滤网或纱布（细棉布或医用纱布）即可。每次使用之前都要用开水浸泡一下，用完洗净、晾干。

研磨器

研磨器将食物磨成泥，是辅食添加前期的必备工具。在使用前需将磨碎棒和器皿用开水浸泡一下。

擦碎器

擦碎器是做丝、泥类食物必备的用具，有两种：一种可将食物擦成颗粒状，一种可将食物擦成丝状。每次使用后都要清洗干净、晾干。食物细碎的残渣很容易藏在细缝里，要特别注意。

榨汁机

榨汁机可选购有特细过滤网、可分离

部件清洗的。因为榨汁机是辅食前期制作的常用工具，如果清洗不干净，特别容易滋生细菌，所以在清洁方面要格外用心，最好在使用前后都进行清洗。

削皮器

宝宝制作辅食的工具要和大人的分开使用。削皮器是制作很多菜品的必需工具，单独给宝宝准备一个，以保证卫生。

挤橙器

给宝宝添加一些橙汁必不可少，这种简易的挤橙器对于辅食添加需求量还比较少的初期，很适合，而且也不易造成浪费。

铁汤匙

铁汤匙可以刮下质地较软的水果组织，如木瓜、哈密瓜、苹果等，也可在制作肝泥时使用。

筛网

在给宝宝制作泥糊时，量很小用搅拌机不太方便时，可以借助细筛网，把食物放到细筛网里，用勺背碾压，这样就可以得到细腻的泥糊了。

喂食必备单品

吸盘碗

餐具要选用底部带有吸盘，能够固定在餐桌的，以免在进食时被宝宝当玩具给扔了。

匙

匙需选用软头的婴儿专用匙，在宝宝自己独立使用的时候，不会伤到他。

口水巾

家长喂食时随时需要用口水巾擦拭宝宝的脸和手。

婴儿餐椅

婴儿餐椅可以培养宝宝良好的进餐习惯，宝宝会走路以后也不用追着喂饭了。

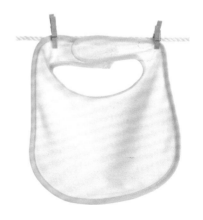

辅食制作，妈妈们要注意的问题

1岁以内婴儿的辅食不添加食盐及调味料

不要给1岁以内婴儿的辅食主动添加食盐或糖。虽然母乳或婴儿配方奶、米粉不是咸味，但不意味着没有钠和氯离子，只不过不是食盐（氯化钠）而已。过早给宝宝辅食中添加食盐，会致使钠摄入过多，增加他今后患高血压和心血管疾病的风险。过早添加糖会增加宝宝出现龋齿的风险。

把几种蔬菜混合在一起做成菜泥好不好？

观察宝宝是否能接受某种辅食需要至少3天。因此，给宝宝添加辅食要一种一种添加，这样即可获得他可接受的食谱。辅食添加初期不建议几种蔬菜一起添加，如果几种蔬菜同时添加，一旦宝宝出现不耐受现象，家长很难一下子发现原因。但如果是两种已经添加过的宝宝身体接受的蔬菜，混合在一起还是可以的。

如果添加辅食期间宝宝出现呕吐、腹泻或便秘、可疑过敏现象，家长应先停止给宝宝喂养辅食，观察症状是否可以缓解，同时向医生、有经验的父母请教，寻找原因和解决的办法。

辅食制作的注意事项有哪些？

注意干净

为宝宝制作辅食的时候，需要用到很多的厨房用具，比如锅、铲、碗、勺等。因为这些用具表面经常都会残留很多的细菌，所以建议妈妈在给宝宝制作辅食之前充分清洁过后再使用。

另外，如果可以的话，建议为宝宝专门准备一套烹饪用具，这样可以有效地避免交叉感染。

注意选择优质新鲜的食材

给宝宝选择的食材，最好是选择没有化学物质污染的绿色食物，并且要尽可能的新鲜，在烹调之前也要认真的清洗干净。在选购食材时，注意蔬果要完好，不可有伤裂或腐烂的地方，防止细菌对宝宝的健康不利。

注意单独制作

对于宝宝来说，辅食的口味一般都需要清淡、细烂。因此，在制作宝宝辅食的时候，最好要为宝宝另开小灶，这样可以避免让大人过重的口味影响到宝宝。

注意现做现吃

　　隔顿的食物在味道和营养上都会有很大损失，而且还很容易被细菌所污染。因此，建议妈妈们最好能让宝宝吃现做的食物。

食材处理

　　根茎类的洗净去皮。

　　叶菜类蔬菜、菜花、西蓝花等可以用面粉水浸泡后清洗。

辅食添加的等量常识，常用计量术语

1茶匙=1小匙=5毫升。

1汤匙=1大匙=15毫升。

适量=可以根据个人口味相应增减。

少许=一点点。

1杯=200毫升。

1毫升=1克。

一小把≈150克。

第三章

吞咽型辅食
（6个月，宝宝的第一口辅食从米粉开始）

当宝宝能独立坐着，小脑袋也能灵活转动了，也就到了该给宝宝添加辅食的时候了。爸爸妈妈要做的就是给宝宝准备好营养丰富、安全的食物。

这个阶段的添加重点

这个阶段的宝宝处于吞咽期，宝宝的舌头只会前后运动，辅食应为流质、半流质、稀软泥糊状，稀稠度与原味酸奶相似。当糊状食物进入宝宝口中后，宝宝仅能通过闭嘴和舌头向后运动的过程吞咽食物。如果口腔中的食物稍微多一点，宝宝就无法正常吞咽，会出现吐出食物的现象。

宝宝的第一口辅食——含铁婴儿配方米粉

宝宝的第一口辅食从含铁的婴儿配方米粉开始，适应了米粉之后可以尝试浓稠的米汤，米汤也适应之后可以加入南瓜糊、苹果糊等。最初添加的食物从不易引发过敏又容易消化的食物开始。量也是从1天1勺开始逐步增多，让孩子慢慢适应辅食。

这个阶段可以添加的辅食种类

可以选择含铁的婴儿配方米粉、米粥稠汁、土豆、南瓜、苹果、红薯、黄瓜等味道清淡且容易消化的食材。

妈妈要牢记

第一次添加1～2勺（每勺3～5毫升），每日添加1次即可。宝宝消化吸收得好再逐渐加到2～3勺。观察3～7天，宝宝没有过敏反应，如呕吐、腹泻、皮疹等，再添加第二种。

辅食喂养时间为两次喂母乳或配方奶粉之前，先喂辅食，紧接着喂奶，让孩子一次吃饱。

如果宝宝有过敏反应或吸收不好致腹泻，应该立即停止添加食物，1周以后再试着添加。

如何用儿童汤匙喂食

用汤匙轻轻碰触宝宝的下唇，传达喂食的信息。

当宝宝张开嘴巴时，将汤匙水平放在宝宝下唇上。

宝宝上唇下落，食物进入口中时，慢慢将汤匙抽出。

如果食物从宝宝口中流出，则需要重复多次喂食。

不要把食物直接倒进宝宝口中，这样不能锻炼宝宝的口腔运动。

宝宝本月发育指标

6个月	体重（千克）	身高（厘米）	头围（厘米）
男宝宝	8.52±0.95	69±2	44±1.2
女宝宝	8.13±0.8	67±1.5	42.8±1.3

本月宝宝会这些了

宝宝会翻身，腰也长硬朗了，可以撑着手坐一会儿了，两手能握奶瓶了……玩的时候妈妈会发现，宝宝会用手掌抓积木块了；当父母要抱他时，会伸直两臂；对生疏的人害怕和害羞；当杯子放到他嘴边时，会试着用杯等。

本月宝宝的小牙

宝宝6~7个月大时，乳牙开始相继萌发出来，但也可能提早。这也是根据宝宝个体差异而定。

6个月

要不要给宝宝喝煮菜水和自制果汁？

没必要。这一阶段添加辅食的目的是锻炼孩子的吞咽能力。蔬菜煮水过程会破坏其中的维生素；菜表面的化肥、农药等也会溶于水内，煮出的菜水主要含有色素，也许还有化肥和农药。

宝宝养成喝菜水或者果汁的习惯，会不容易接受白开水的味道。

米粉糊

准备好：含铁婴儿米粉适量、温水适量。

这样做：在消过毒的碗中倒入温开水，一边倒入米粉一边搅拌，调成稀糊状，质感应该和原味酸奶的稀稠度差不多。

面团妈妈小唠叨

这是宝宝成长历程中的一次飞跃，第一次辅食体验，要以含铁的婴儿米粉开始哦！第一次的尝试只是浅尝，不是为了吃饱哦，妈妈要掌握好量。

不建议用奶、米汤冲调婴儿配方米粉，这是因为用奶冲调婴儿配方米粉会增加宝宝的胃肠和代谢压力，造成消化不良的问题。而且米粉是宝宝饮食过渡到成人食物的第一步，如果加入奶粉味道太浓郁，不利于宝宝日后接受成人食物。妈妈要用温水冲调婴儿配方米粉，等宝宝适应米粉的味道后，可以逐渐加入已经添加过的蔬菜泥、肉泥等进行混合。

米 汤

准备好：大米50克。

这样做：① 将大米在清水中淘洗干净，锅内倒入适量清水，用小火将其烧开；② 待锅内水烧开后，放入淘洗干净的大米，继续以大火煮开，转成小火将其煮成浓稠的粥，取上层米汤喂食宝宝。

面团妈妈小唠叨

　　自来水都经过加氯消毒，若直接用自来水煮粥，水中的氯会大量破坏米中的维生素B_1。如果先烧开水，再将米倒入，水中的氯气已基本蒸发完，就会减少对维生素B_1的破坏。维生素B_1是大米中一种主要的营养成分，有保护神经系统的作用，还能促进肠胃蠕动，增加食欲。

营养小贴士

　　米汤的汤味非常香甜，并且含有丰富的蛋白质、脂肪、碳水化合物及钙、磷、铁、维生素C、B族维生素等，是宝宝非常好的辅食之一，还有养胃的作用，而且也很适合腹泻脱水的宝宝哦！

小米汤

南瓜糊

准备好：小米 50 克。

这样做：① 将小米用清水淘洗两遍，去掉杂质；② 煮锅中加水烧开，放入淘洗干净的小米，熬成稠粥，取上层浓稠的米汤喂食。

面团妈妈小唠叨

妈妈在选择食材上可以选择有机小米，要吃单一的谷物，不要把小米和大米混合。这样宝宝如果对此食材有反应会及时看出来。

营养小贴士

小米熬粥营养价值丰富，有"代参汤"之美称。由于小米不须精制，故保存了许多维生素和矿物质。小米中的维生素 B_1 含量是大米的几倍，具有防止消化不良及口角生疮的功能；小米中的矿物质含量也高于大米。

准备好：南瓜1块。

这样做：① 将南瓜洗净，削皮，去籽，切成小块；② 放入小碗中，加上少许水，上锅蒸15 分钟左右；③ 把蒸好后的南瓜用勺背碾压成细腻的糊状即可。

面团妈妈小唠叨

宝宝添加辅食的初期，制作量都很少，直接用勺子碾压成糊状即可。

营养小贴士

南瓜含有B族维生素、维生素C、维生素A和维生素D、钙、淀粉、蛋白质、β−胡萝卜素、磷等成分。南瓜富含的β−胡萝卜素和维生素C，可以健脾。维生素D有促进钙、磷两种矿物质吸收的作用。南瓜对于宝宝近视和儿童佝偻病有一定的预防作用。

红薯糊

胡萝卜糊

准备好：红薯1块。

这样做：① 红薯洗净，去皮，切成小块，放入碗中，同时加入50毫升水，移入蒸锅，隔水蒸熟；② 将蒸熟后的红薯取出，用勺子碾压成稀糊状。

面团妈妈小唠叨

如果有烤箱，也可以用烤箱把红薯烘烤熟后，压成糊状；或者将红薯煮熟，碾压成泥也可以。

准备好：胡萝卜1根。

这样做：① 胡萝卜洗净，削皮，切成小块，放入小碗中，上锅蒸15分钟左右至熟软；② 蒸好的胡萝卜用勺背碾压成糊状即可。

面团妈妈小唠叨

可以用米汤或肉汤将胡萝卜糊调得稀一点。

营养小贴士

红薯含有丰富的β−胡萝卜素，同时富含多种维生素，口感甜润。

营养小贴士

胡萝卜含有丰富的β−胡萝卜素和B族维生素、维生素C，有辅助治疗夜盲症、保护呼吸道和促进儿童生长发育等功能。

苹果糊

准备好：苹果1个。

这样做：① 苹果清洗干净，去皮和果核，切成小块后放在一个碗中，将碗移入蒸锅，隔水蒸15分钟左右；② 取出，蒸出的汤汁不要倒掉，将苹果去掉果皮和果核，连同汤汁一起用勺子碾压成糊状。

面团妈妈小唠叨

因为宝宝的肠胃功能没有发育完善，在最初给宝宝添加水果时，应该蒸熟或煮熟给宝宝吃，逐渐给宝宝食用新鲜的水果。

营养小贴士

研究发现，苹果富含锌元素，宝宝吃苹果有增进记忆、提高智能的效果。苹果不仅含有丰富的糖、维生素和矿物质等大脑必需的营养素，苹果皮中还含有一种果胶。

苹果是一种温和的水果，极少有宝宝对苹果过敏。苹果还可促进消化系统健康，减轻腹泻现象。

苹果内富含锌。锌是人体中许多重要酶的组成成分，是促进生长发育的重要元素。小宝宝容易出现缺铁性贫血，吃苹果对婴儿的缺铁性贫血有较好的防治作用。

土豆泥

准备好：新鲜土豆1个。

这样做：① 将选好的土豆洗净、去皮，切成小块；② 上蒸锅隔水蒸至熟软；③ 取出蒸好的土豆块，放到细筛网里，用勺背碾压过筛成细腻的泥状即可。

面团妈妈小唠叨

　　如果家里没有压薯泥器，不锈钢的勺子也可以将土豆压成泥。6个月起宝宝开始长出门牙，妈妈可以有意地训练宝宝咀嚼的动作，慢慢地宝宝就知道食物到嘴里不是直接吞咽而是咀嚼。

营养小贴士

　　土豆营养丰富且易消化，除了含有淀粉、蛋白质、脂肪和膳食纤维外，还含有丰富的钙、磷、铁、钾等矿物质和维生素C、维生素A及B族维生素等营养素，有"地下人参"的美誉。

玉米粥

香蕉泥

准备好：玉米面适量。

这样做：① 玉米面加凉开水搅拌至没有颗粒的稀糊状；② 大火烧开锅中的水，将搅拌好的玉米糊倒入锅中，边倒边搅拌，大火煮开后，转小火继续熬煮5～10分钟即可。

面团妈妈小唠叨

玉米香甜的滋味，令宝宝没办法抗拒！但是玉米一次不能吃多，容易引发胀气、不消化。

营养小贴士

玉米中所含的β-胡萝卜素，被人体吸收后能转化为维生素A，营养价值很高。玉米中的纤维素含量很高，膳食纤维能促进胃肠蠕动。

准备好：香蕉1/2根。

这样做：① 将香蕉去皮；② 用勺子将香蕉肉压成泥状即可。

面团妈妈小唠叨

妈妈要选用熟透的香蕉，生香蕉含有较多的鞣酸，对消化道有收敛作用，摄入过多就会引起便秘或加重便秘。

营养小贴士

香蕉富含钾等矿物质及多种维生素，而且易被消化吸收。香蕉还能清热润肠，能够促进胃肠蠕动，对便秘的宝宝来说有不小的帮助。

第四章

蠕嚼型辅食
（7个月，宝宝可
以尝试混搭啦！）

·⋯⋯⋯⋯·⋯⋯⋯⋯·

随着宝宝的成长，流质、半流质的辅食已经不能满足他的需要了。他已经做好准备，去接受更浓稠、更粗糙一些的食物了。

这个阶段的添加重点

这个月给宝宝添加辅食的重点为继续尝试一些新食物，新食物依旧要一种一种的尝试；对于之前已经尝试过了没有问题的食物可以试着混搭，让宝宝感受复合味道。宝宝也做好准备，去接受更浓稠、甚至留点小块块在里面的食物，这些都有助于锻炼宝宝的下颚，让他咀嚼更复杂的食物。

6个月起宝宝开始长出乳牙，妈妈可以有意识地训练宝宝咀嚼的动作，慢慢地宝宝就知道食物到嘴里不是直接吞咽，而是要先咀嚼才能吞咽的。

常见辅食种类

婴儿配方米粉、菜水、米汤、果汁、米糊、菜泥、果泥、肉泥等。

妈妈要关注宝宝的进食种类，细心观察，不要勉强他们进食。本月可以添加蔬菜泥、果泥和一些肉泥。对于上个月尝试过的蔬菜，本月可以改变食物的状态，做成蔬菜泥和果泥了。先从熟悉的食材入手，再慢慢添加新的食材，不要只固定在某几种食材上。肉泥也可以添加进来了，这些菜泥和肉泥都可以和婴儿配方米粉混合喂给宝宝吃。

与家人一起吃饭

如果之前你都是单独喂宝宝，现在就是让他和家人一起吃饭的好时机。即使宝宝吃的食物和家人们不一样，但是他可以享受家人的陪伴，甚至会从中体会到一些用餐礼仪和氛围。

这个时候我们要教会宝宝专心吃饭，而不是尽量让他们多吃哦！因为这时他们所需的大部分营养还是来源于母乳或婴儿配方奶粉，为过渡到以饭菜为主要食物做好准备。

混搭食物可以让宝宝体会到一种全新的味道和口感。混搭食物一定要从宝宝吃过的两种食物开始，这样才能最大限度地降低宝宝出现食物过敏的概率。没吃过的食物一定要在混搭前单独喂宝宝吃3~5天。

妈妈怎么做

乳类及乳制品是婴儿阶段主要的营养来源，每日仍应保证摄入600 ～ 800 毫升的乳制品，但不要超过1000 毫升。

对于辅食的量，宝宝消化吸收得好可以加到4～5 勺，观察3～7 天，没有过敏反应，如呕吐、腹泻、皮疹等，再添加第二种辅食。按照这样的速度，宝宝每个月也就可以添加4 种辅食。

妈妈要观察宝宝进食后的反应，辅食量要逐渐增加，不要与别人家的宝宝做比较。家长要掌握好这个原则：不要勉强宝宝多吃，吃少了也不强制喂，这样宝宝日后才会对进食有兴趣。

妈妈要牢记

辅食喂养次数为每天2～3次，辅食喂养时间为两次喂母乳或配方奶之前，妈妈们注意不是两次喂奶之间哦！也可以在宝小睡起床后添加。喂养辅食的时间和次数根据宝宝个体差异和对辅食的兴趣及主动性而定。

现在宝宝吃的食物种类慢慢增多了，要养成吃完辅食后喝几口白开水的习惯，预防龋齿。

宝宝本月发育指标

7 个月	体重（千克）	身高（厘米）	头围（厘米）
男宝宝	8.91±0.95	70±3.5	44.4±1.2
女宝宝	8.39±0.8	68.6±1.5	43.2±1.4

本月宝宝会这些了

宝宝能独立坐几分钟，可以从趴着的姿势转变成坐姿，开始学习爬行；会将一只手上的玩具换到另一只手中自己玩儿，并会摇动、敲打有声响的玩具；还会用嘴啃自己的脚趾；能试着把手中的纸撕破了。

本月宝宝的小牙

7 个月的宝宝有的已经长了 1～3 颗乳牙了，流口水的现象开始增多了。

准备好：菜花1小朵（约20克）。

菜花泥

这样做： ①将菜花洗净，切碎；②将菜花放到锅里煮软；③将煮好的菜花放到干净的碗里，用小勺按压成泥即可。

面团妈妈小唠叨

菜花洗净后用盐水浸泡10分钟，以去除残留农药。

扫码观看视频

营养小贴士

菜花中含有丰富的维生素C、维生素K、硒等多种具有生物活性的物质，可以帮宝宝提高免疫力和抗病能力，预防感冒和维生素C缺乏症的发生，特别适合从妈妈那里得到的抗体被消耗得所剩无几、免疫力低下的宝宝食用。

红枣泥

准备好：红枣3枚。

这样做：① 红枣洗净，放入碗中，加一勺水；② 将碗移入蒸锅中，隔水蒸15～20分钟至红枣软熟；③ 去掉红枣的皮与核后，红枣肉用勺背碾压成泥即可。

面团妈妈小唠叨

妈妈一定要把红枣皮去净，不要让宝宝吃得太多，以免造成膳食不平衡，每次2～3勺比较合适。红枣容易引发龋齿，宝宝吃完红枣后要喝一点温水。

营养小贴士

红枣中富含钙、铁和丰富的维生素C，可以提高宝宝的免疫力。祖国传统医学认为红枣具有补中益气、养胃健脾的作用。但是红枣不容易消化，宝宝不宜一次吃很多。

豌豆泥

准备好：新鲜豌豆荚50克。

这样做：① 新鲜豌豆荚去皮，豌豆一粒一粒剥好备用；② 剥好的豌豆放入碗中，放入蒸锅，隔水蒸8分钟至熟软；③ 将蒸熟的豌豆用勺压成有细小颗粒的糊即可。

面团妈妈小唠叨

妈妈最好买带壳的豌豆自己剥皮。每种食材宝宝度过最初的适应期后，妈妈要让他多接触各种食物的味道，促进味觉发育。

扫码观看视频

营养小贴士

豌豆富含蛋白质、维生素B$_1$、维生素B$_6$和胆碱、叶酸等，味道比大豆好，宝宝大多不会排斥。另外，豌豆对预防腹泻有辅助作用。

猪肉泥

准备好： 猪瘦肉50克。

这样做： ① 猪瘦肉用流动的水清洗干净表面杂质，切成小块，放入搅拌机中打成肉泥备用；② 打好的肉泥放入碗内，加少许清水，移入蒸锅，中火隔水蒸7分钟至熟即可。

面团妈妈小唠叨

肉泥一点要做得细细的，做成茸的感觉。宝宝适应后，也可以将肉泥加入婴儿配方米粉混合喂给宝宝。

扫码观看视频

营养小贴士

猪肉含有丰富的B族维生素，能提供人体必需的脂肪酸，性平、味甘、咸，滋阴润燥，可提供血红素（有机铁）和促进铁吸收的半胱氨酸，能改善宝宝缺铁性贫血等状况。

小米胡萝卜糊

土豆西蓝花泥

准备好：小米50克、胡萝卜1根。

这样做：① 小米淘洗干净，放入小锅中熬成粥，取上层米汤备用；② 胡萝卜去皮，洗净，切块，放入蒸锅蒸至熟软，取出碾压成泥状（可保留一些颗粒感）；③ 将小米汤和胡萝卜泥混合调成糊状即可。

准备好：土豆20克、西蓝花100克。

这样做：① 土豆去皮，切片，放入沸水中煮熟，压碎；② 西蓝花洗净，放入沸水中煮熟，同样压碎；③ 将压碎的土豆和西蓝花混合，搅拌成稍微带有一些颗粒感的泥状即可。

营养小贴士

胡萝卜所含的β-胡萝卜素转化成维生素A，可预防眼干和夜盲症，有利于宝宝健康成长。有机小米可补充B族维生素和膳食纤维，营养全面。

营养小贴士

因为西蓝花含有丰富的维生素A、维生素C和钙，土豆含有丰富的淀粉，所以土豆西蓝花泥是很棒的搭配，是7个月宝宝不错的辅食选择。

苹果梨子泥

准备好： 苹果1/2个、梨1/2个。

这样做： ① 将苹果、梨洗净后去皮，切成小块；② 把切好的苹果块、梨块放入搅拌机内，搅打成泥即可。

面团妈妈小唠叨

果泥是一种易消化的食物。父母在制作果泥时，应当加点温水或纯净水，搅一搅后再喂食。若想要增加一点营养，父母可以选择果蔬泥或混合泥。

营养小贴士

苹果是一种好食材，味道很好，与梨子混搭后味道更加清香。而且这两种都是低致敏的食材，妈妈可以放心混搭。

鸡肉米粉糊

准备好：鸡胸肉30克、婴儿配方米粉30克。

这样做：① 将鸡胸肉用流动的水冲洗净表面杂质，切成小块，放入搅拌机中打成鸡肉泥备用；② 将鸡肉泥上蒸锅隔水蒸8分钟至熟；③ 婴儿配方米粉用温水调匀后，与蒸制好的鸡肉泥混合，搅拌均匀即可。

面团妈妈小唠叨

添加辅食要由少到多，由单一到复杂，根据宝宝的情况随时调整。不要诱导喂食，吃完辅食紧接着喂奶，让宝宝一次吃饱，它才会对辅食和奶保持充分的兴趣。

营养小贴士

婴儿配方米粉不是简单地把米研磨成粉，而是富含这个月龄宝宝需要的营养素，包括蛋白质、脂肪、维生素、DHA、纤维素和微量元素，特别是铁、钙和维生素D。把它与鸡肉混合，营养更加丰富。

鸡肉西葫芦泥

准备好： 鸡胸肉30克、西葫芦1/4根。

这样做： ① 将鸡胸肉在小汤锅内煮熟后打成泥备用；② 西葫芦洗净，去皮，切成小块，上蒸锅隔水蒸8分钟至熟，然后压成泥；③ 将鸡肉泥和西葫芦泥混合即可。

面团妈妈小唠叨

确定宝宝对食材没有异常反应后，妈妈要在熟悉的食材中混搭新口味，帮助宝宝适应新的混合后食物的口味，以满足宝宝进食丰富食物的意愿。

营养小贴士

鸡肉蛋白质含量较高，且易被宝宝吸收利用，有增强体力的作用。西葫芦含有较多的维生素C、钾、维生素K、葡萄糖等营养物质，能提高宝宝的免疫力，与鸡肉混搭营养更加丰富。

本月妈妈误区

Q：宝宝吃下去的食物在大便的时候又原样排出，是消化不良？

A：实际上宝宝已经吸收了一些营养，只是把剩余部分排出来了，不一定是消化不良。如果宝宝大便中见到原始食物，说明宝宝消化功能尚未成熟，妈妈给宝宝的食物有些过粗了；也说明宝宝的咀嚼能力还未发育好，妈妈要随时调整食物性状，但不要因此停止给宝宝进食此食物，胃肠的消化也是需要适应过程的。改变食物性状后观察几天，情况会有所好转。

Q：宝宝吃了胡萝卜后皮肤发黄是过敏，要停止吃？

A：胡萝卜的营养很好，但是妈妈要掌握量，不是好东西就要每天都吃、每顿都吃。只要减少类似胡萝卜、南瓜、橙子这些食材的进食量就行。这些食物容易造成皮肤黄染，宝宝减少进食频率后就会恢复正常肤色。但绝不是这些食材不好或不能吃，这些食材营养很丰富，只要控制好进食频率和量就行。而且妈妈也可以按照辅食添加原则，给宝宝尝试一些新的蔬菜和水果，使营养更加均衡与丰富。

Q：都是同龄的宝宝，为什么我家宝宝比别人家的宝宝瘦？是辅食添加不够吗？

A：家长不用陷到与别人家宝宝比较的误区里，只要宝宝生长指标合格，按着自己的生长曲线发展就好，别人家宝宝吃多少跟你家宝宝没有关系也没有参考价值。如果宝宝吃得少，妈妈可以考虑是否因为喂养次数过勤，导致宝宝没有饱与饿的状态，所以每顿吃得少；也要考虑宝宝是否不接受辅食的性状、味道而吃得少。最后提醒妈妈们，要按着辅食添加原则来逐渐调整辅食添加时间和次数。

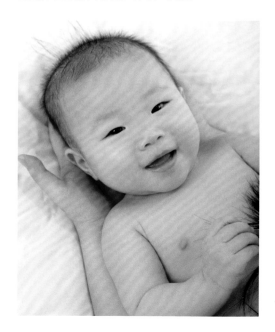

第五章

蠕嚼型辅食（8个月，开始添加蛋黄啦！）

·····················•·····················

这个月宝宝可能长出 2 ~ 4 颗乳牙了，妈妈给宝宝做的辅食也应该比上个月粗糙，最好带有颗粒。不管这个月龄的宝宝长出几颗乳牙，妈妈都要改变宝宝的辅食性质了，应该给宝宝吃菜粥、肉粥、烂烂的面条等类似辅食，锻炼宝宝的咀嚼能力。

对这个阶段的宝宝来说，咀嚼就是用舌头将食物绞碎。也有的宝宝会直接将食物咽下去，这是非常危险的，妈妈在喂食时要特别注意。

这个月的辅食中可以出现粗糙颗粒，而且宝宝可以吃蛋黄了，但是妈妈不要一次添加很多，要从1/4个开始添加。要不断翻新旧食材进行新的制作，也要每周添加新的食材，让宝宝尝试不同的味道，增加对食物的兴趣。

这个月的宝宝有的长出2～4颗乳牙。但是千万别认为有牙就会咀嚼，在添加泥糊状辅食时，妈妈要教会宝宝咀嚼动作。

这个阶段的添加重点

不管这个月龄的宝宝长出几颗乳牙，妈妈都要改变辅食性质了，应该给宝宝吃一些较上月粗糙些并带有颗粒的辅食了，如菜粥、肉粥、烂烂的面条等，以增加对宝宝咀嚼能力的训练。给宝宝单独添加蛋黄后没有出现如胃肠、腹泻、呕吐、出疹子等异常现象，妈妈就可以放心地给宝宝添加蛋黄了。但是蛋黄不能单独作为一顿辅食给宝宝，最好和婴儿配方米粉混合在一起给宝宝吃，营养更加均衡。

辅食性状的逐渐改变与宝宝胃肠功能有关，妈妈要依据自己宝宝的情况循序渐进地进行调整。

常见辅食种类

婴儿配方米粉、菜水、米汤、果汁、米糊、菜泥、果泥、肉泥、蛋黄、菜粥、肉粥、烂烂的面条等。

妈妈怎么做

1.乳类及乳制品是婴儿阶段主要的营养来源，每日仍应保证摄入600～800毫升的乳制品，但不要超过1000毫升。

2.每日可安排4次奶、1餐饭、1次点心和水果，辅食的量可以逐渐加至2/3碗（6～7匙）。

这些餐次和量还要依据宝宝自身的胃肠道情况调整。添加任何一种新食材都要遵循辅食添加原则，一种食材单独添加3～7天，宝宝没有过敏反应，如呕吐、腹泻、皮疹等，再添加第二种。

妈妈要牢记

1.添加辅食后不主动减少奶量，添加辅食首先要加碳水化合物也就是主食，如婴儿配方米粉、粥、烂烂的面条。在此基础上添加蔬菜、肉泥、蛋黄等。主食要占宝宝辅食量的一半哦！

2.喂宝宝辅食时，妈妈要注意不要边看电视边喂，要让宝宝注意力集中地吃辅食，这样才有利于消化吸收。

3.要尊重宝宝，不强迫喂食。

4.引导宝宝多咀嚼。

5.现在宝宝吃的食物种类慢慢增多了，要养成吃完辅食后喝几口白开水的习惯，预防龋齿。

宝宝本月发育指标

8个月	体重（千克）	身高（厘米）	头围（厘米）
男宝宝	9.33±1.01	72.3±4.0	45.0±1.2
女宝宝	8.82±0.8	69.6±1.8	43.8±1.4

本月宝宝会这些了

爬的能力越来越好，不仅会独立坐，而且能从坐位转为躺下，还能从俯卧的姿势坐起。宝宝小手指更为灵活了，可以拿住细小的东西，会独自吃磨牙饼干。

本月宝宝的小牙

8个月宝宝乳牙继续萌出，流口水的现象会持续。有的宝宝出牙2~4颗。但是妈妈也不用为没长够4颗而担心。只要宝宝发育、发展正常，没有特别的疾病，即使晚些开始长牙也不必担心。

蛋黄米糊

准备好：熟鸡蛋黄1/4个、婴儿配方米粉50克。

这样做：① 先用小汤锅将鸡蛋煮熟，取鸡蛋黄1/4个，压成泥；② 婴儿配方米粉用温水调匀后与蛋黄泥混合即可。

面团妈妈小唠叨

鸡蛋虽然营养丰富，但不包含所有营养素，因此，妈妈要将蛋黄与米粉、粥、烂面条、菜泥、肉泥混合喂养，营养才会更加丰富。

营养小贴士

蛋黄中的卵磷脂被人体消化后可以释放出胆碱，胆碱通过血液到达大脑，可以增强宝宝的记忆力。

蛋黄米粥

准备好：熟鸡蛋黄1个、大米50克。

这样做：① 大米淘洗干净，加水熬成粥；② 待粥熬熟后，将蛋黄掰碎放入粥中，搅拌均匀即可。

面团妈妈小唠叨

宝宝每次的辅食不要固定在1~2种食材，如果单一食材宝宝身体都适应了，可以增加食材种类，也可以增加合理的搭配，如蛋黄和碳水化合物，也就是与主食搭配就很好。

营养小贴士

蛋黄中脂肪和胆固醇的含量较高，钙、磷、铁和维生素也较集中，是婴幼儿发育必需元素的很好来源。它还含较多维生素A、维生素D和维生素B_2，可预防宝宝患夜盲症。

双色段段面

准备好：儿童面条20克、白菜10克、胡萝卜10克。

这样做：① 白菜叶和胡萝卜分别煮熟；② 白菜和胡萝卜剁碎成茸；③ 将儿童面条掰成2厘米长的小段，放进沸水里，煮至软熟；④ 煮好的面条盛入碗中，加入白菜茸和胡萝卜茸拌匀即可。

营养小贴士

白菜蕴含丰富的维生素C，此外还含有钙、磷和铁等，与胡萝卜一起混合在面条里颜色好看，营养也更加均衡。

扫码观看视频

红薯粥

准备好： 大米50克、红薯1/2个。

这样做： ① 大米淘洗干净，在清水中浸泡30分钟；② 将大米加入适量清水煮沸，转小火煮成米粥备用；③ 红薯洗净后，切成薄片，入蒸锅蒸熟后，去皮，而后碾成泥（保留一些颗粒）；④ 红薯泥拌在米粥里，搅拌均匀即可。

面团妈妈小唠叨

妈妈也可以做出可爱的红薯泥造型摆在米粥上面哦。这些半固体食物很适合这个月龄的宝宝，可以锻炼他们的小牙齿。而且秋天宝宝多吃红薯能够预防秋燥，帮助宝宝平安过秋入冬哦。不过妈妈也要掌握好量，不可让宝宝多吃，否则容易胃胀。

营养小贴士

红薯中所含的赖氨酸，不仅是人体所必需的八种氨基酸之一，而且还能调节体内代谢平衡，能促进宝宝发育，增强免疫功能，对宝宝的身体健康和骨骼发育都有着重要的作用。

香菇鸡肉粥

准备好：大米50克、鸡脯肉30克、鲜香菇1朵。

这样做：① 鲜香菇洗净、去蒂、剁碎，鸡脯肉洗净并剁成茸；② 大米淘洗干净，加适量清水，置火上煮沸后，转小火熬煮15分钟；③ 加入鲜香菇碎和鸡肉茸，继续熬至粥黏稠软烂即可。

面团妈妈小唠叨

这个月增加了很多肉类食物，建议妈妈自己在家做，不要买市售的肉泥。因为在家做的肉泥会很新鲜而市售的肉泥辅食我们很难判断它是否添加了添加剂，所以为了食品安全，建议妈妈自己在家做肉泥，现吃现做。

营养小贴士

香菇具有高蛋白、低脂肪、多糖、富含多种氨基酸和多种维生素的营养特点，常吃能促进宝宝体内钙的吸收，并可增强宝宝抵抗疾病的能力。

蛋黄嫩豆腐碎

准备好： 南豆腐50克、熟鸡蛋黄1个。

这样做： ① 南豆腐放入沸水中焯煮3分钟，捞出；② 将蛋黄捏碎撒在南豆腐上，搅拌成细粒即可。

面团妈妈小唠叨

提醒妈妈，这里我们用的是南豆腐，也就是嫩豆腐。鸡蛋和南豆腐含有丰富的钙，而且吃起来又软又嫩，特别适合不太会咀嚼的宝宝食用哦。再次提醒妈妈们，宝宝一餐辅食中米、面等主食比例要在一半左右，妈妈不可以只给宝宝添加蔬菜、肉泥而不加主食。

营养小贴士

大豆蛋白属于完全蛋白质，其氨基酸组成比较好，人体所必需的氨基酸它几乎都有，宝宝对其蛋白质的消化吸收率很高，与蛋黄组合后营养更加丰富，但不能构成宝宝独立的一餐辅食，而要与主食合理搭配。

扫码观看视频

准备好：面粉50克、鸡蛋1个（取蛋黄用）、番茄1/2个。

这样做：① 将番茄去皮、切碎，蛋黄在碗中打散；② 面粉慢慢地加水，边加水边用筷子快速搅拌，呈细小的絮状；③ 番茄丁加1碗清水煮沸；④ 在汤中倒入拌好的面絮，充分煮软烂，淋上蛋黄液即可。

面团妈妈小唠叨

妈妈在制作面疙瘩时越细小越好，这样更加容易煮熟、煮烂。可加入一点鸡汤或骨头汤，这样营养更加丰富。但制作时不要用纯鸡汤，要加一点清水。宝宝喝鸡汤前，妈妈一定要撇掉鸡汤上的油花。这样的一碗疙瘩汤里面已经含有主食的成分，可以单独作为一餐辅食给宝宝吃。

营养小贴士

疙瘩汤煮软烂后宝宝可以很好地消化这顿辅食。吃的时候，妈妈也可以加入制作好的肉泥搅拌起来一起给宝宝食用，可以更好地补充蛋白质，促进宝宝发育。番茄中的维生素C，有生津止渴、健胃消食的作用，能很好地调理宝宝的肠胃功能。

扫码观看视频

准备好：番茄20克、土豆20克、圆白菜20克、胡萝卜20克。

这样做：① 所有食材洗净、沥干水分，胡萝卜、番茄和土豆去皮，分别切成小块，圆白菜也切成小块；② 小汤锅中加入适量清水，煮沸后，依次放入胡萝卜丁、土豆丁、番茄丁和圆白菜，煮至熟软关火；③ 待凉后用搅拌机将上述食材打碎；④ 将打碎的汤汁倒回锅中，继续用小火煮至稠状即可。

面团妈妈小唠叨

小宝宝吃番茄时，一定要去皮，以免造成吞咽危险。番茄顶端划个十字口，然后在热水中一烫，番茄皮就会裂开，最后用手撕下皮即可。

营养小贴士

番茄含有丰富的维生素、矿物质、碳水化合物、有机酸及少量的蛋白质，有促进消化、利尿、抑制多种细菌的作用。

扫码观看视频

鸡肝番茄泥

准备好：番茄1/2个、鸡肝30克。

这样做：① 鲜鸡肝在清水中洗净，最好在清水中浸泡30分钟，然后冲洗干净，去筋膜，切碎成末；② 番茄洗净，在顶端划十字口，放入滚水中汆烫后去皮；③ 将番茄切碎，捣成番茄泥；④ 把鸡肝末和番茄泥拌好，放入蒸锅中，隔水蒸5分钟，充分搅拌均匀即可。

面团妈妈小唠叨

这款鸡肝番茄泥制作好后，妈妈可以混合在煮好的烂面条里给宝宝吃，也可以混合在婴儿配方米粉里给宝宝吃。鸡肝一周吃上1～2次即可。

营养小贴士

鸡肝含有丰富的蛋白质、钙、磷、铁、锌、维生素A、B族维生素等。肝中铁含量丰富，在补血食品中最常用，是宝宝补铁的好选择。

什锦蔬菜稠粥

准备好：大米50克、西葫芦30克、芦笋（取嫩芦笋尖）3条。

这样做：① 西葫芦、芦笋洗净，切成小块，上蒸锅隔水蒸至软，用搅拌机打碎备用；② 将大米淘洗干净，加适量清水，置大火上煮沸后转小火，然后将粥煮至软烂，收一下汤汁；③ 将搅拌好的西葫芦泥、芦笋碎泥拌匀即可。

面团妈妈小唠叨

芦笋要现吃、现买、现做，不宜久存。妈妈也可以在蔬菜粥里加入一些肉汤，这种稠粥的软硬稀释程度，可以根据自己宝宝的咀嚼能力做一些调整。妈妈也可以用当季的应季菜制作这款稠粥。

营养小贴士

芦笋嫩茎含有丰富的蛋白质、维生素和矿物质及宝宝所需的8种必需氨基酸。西葫芦含有较多的维生素C、葡萄糖等营养物质，尤其是钙的含量极高。这两种食材混合做成的辅食，营养更加丰富。

香蕉牛油果

准备好：牛油果1/2个、香蕉1/2根。

这样做：① 牛油果纵向切开，去掉果核，将果肉挖出来，用勺子将其捣烂；② 剥一根香蕉，同样捣成泥；③ 将牛油果泥和香蕉泥混合在一起即可。

面团妈妈小唠叨

　　牛油果又叫"鳄梨"。其果肉质感比较光滑而且是奶油状的。它应该是最简单的自制婴儿辅食了，因为妈妈都不用把它煮熟，只要用勺子或搅拌机把果肉捣成泥就可以了。适合和牛油果混合的婴儿食物：香蕉、梨、苹果、西葫芦、鸡肉和酸奶。

营养小贴士

　　牛油果富含钾、叶酸及丰富的维生素B_6，还含有多种矿物质，和大量食用植物纤维。它可以帮助婴儿的大脑和身体发育，润肠通便效果极佳，适合经常便秘的宝宝食用。

黄金南瓜羹

准备好：南瓜50克、鸡汤50毫升。

这样做：①南瓜去皮、去籽，洗净，切成小丁；②将南瓜丁放入搅拌机中；③加入鸡汤，将南瓜丁打成泥状；④搅打好的南瓜鸡汤泥放入小汤锅中，用小火煮沸，拌匀即可。

面团妈妈小唠叨

妈妈们请记住，这款南瓜汤要混合在煮好的烂面条或粥里喂给宝宝吃。

营养小贴士

南瓜可以提供丰富的胡萝卜素，其中的β－胡萝卜素可转化为维生素A。维生素A可以促进眼睛健康发育，维护视神经健康。

扫码观看视频

油菜玉米粥

准备好： 玉米面50克、油菜50克。

这样做： ① 油菜择洗干净，放入沸水中焯烫，捞出，切成末；② 用温水将玉米面搅拌成浆，加入油菜末，拌匀；③ 小汤锅置火上，倒入清水煮沸，加入拌好的玉米浆和油菜末，大火煮沸，转小火煮至黏稠即可。

面团妈妈小唠叨

　　主食类的辅食不能少，细粮和粗粮都要搭配，再配合绿色的蔬菜、肉类、蛋类等，营养才能均衡。妈妈不能只给宝宝吃蔬菜和肉蛋类，而忽视了主食类的辅食。

营养小贴士

　　玉米是非常有益的粗粮，它的氨基酸、粗纤维及植物蛋白含量都很高。让宝宝从小就适当地吃些粗粮，不仅有利于身体的协调发展，还可防止宝宝挑食。

苹果燕麦粥

准备好：苹果1/2个、燕麦片50克。

这样做：① 苹果洗净后，去皮，去核，刨成丝；② 小汤锅置火上，倒入清水煮沸，然后放入燕麦片及刨好的苹果并搅拌；③ 再次煮开，调成中小火，直到燕麦片变浓稠即可。

面团妈妈小唠叨

　　燕麦片要少量、逐步添加，而且制作时也不需要用水淘洗。过敏体质的宝宝在吃燕麦片的时候更要小心，因为其可能会对燕麦片过敏。在给过敏体质的宝宝食用燕麦片的时候，建议先从少量开始慢慢添加。

营养小贴士

　　燕麦片的蛋白质含量很高，且含有人体必需的8种氨基酸；含有丰富的食用纤维，其中，β-葡聚糖可以帮助宝宝改善消化功能，促进胃肠蠕动，因而也特别适合便秘的宝宝。

扫码观看视频

芋头南瓜肉末羹

准备好：芋头50克、南瓜50克、肉末30克。

这样做：① 芋头、南瓜去掉外皮，洗净，切成小块状；② 将芋头和南瓜放入搅拌器里，加适量水打成泥；③ 芋头、南瓜泥和肉末一起放在碗里，混合拌匀；④ 将碗放入蒸锅中，隔水蒸熟即可。

面团妈妈小唠叨

为了宝宝辅食的安全卫生，肉末最好由妈妈在家自己搅打或剁成肉泥，不要买市售的肉馅。宝宝辅食的性状也要逐步由细至粗调整，种类和数量都要逐渐增加。

营养小贴士

芋头中含有一种黏液蛋白，在被人体吸收后能产生免疫球蛋白，提高宝宝身体的抵抗力。但妈妈也还是要遵循单种食材宝宝肠胃没有异常反应后才可以混合添加的原则。

本月妈妈误区

Q：添加辅食后，宝宝就开始"厌奶"了？

A："厌奶"的现象一般是在添加辅食后，宝宝尝到了比母乳更好的味道，如水果的甜甜味道等，因而会对母乳失去兴趣。"厌奶"多为妈妈心理作用，不要因此放弃母乳。妈妈可以试着调整：婴幼儿食品以天然食物去调制，切忌添加调味料和盐，因为太咸的食物不仅会增加宝宝肾脏负担，调味料的成分也可能造成过敏，还会让宝宝不再喜欢母乳及味道淡的食物。过早的接触成人食物，宝宝就会对母乳失去兴趣。妈妈还可以试着把果汁涂抹在乳头上，宝宝吃的时候也会不那么拒绝母乳。

Q：宝宝用牙床咀嚼食物妨碍长牙吗？

A：这是误区。

宝宝出生6个月后，颌骨与牙龈已发育到一定程度，足以咀嚼固体或软软的固体食物。乳牙萌出后，咀嚼能力进一步增强，此时适当增加食物硬度，让其多咀嚼，反而可以促使牙齿萌出，使牙齿排列整齐、坚固，有利于牙齿和颌骨的正常发育。因此，妈妈不用过分担心这个问题，也不要不给宝宝的辅食增加粗颗粒。

Q：宝宝吃了添加的煮蛋黄后腹泻了，可以再试试其他做蛋黄的方法吗？

A：这样的做法不可取。

因为在添加蛋黄时宝宝已经出现了腹泻这样的胃肠道反应，再换蒸鸡蛋黄一样也会出现胃肠道反应，所以在这样的情况下妈妈就不要再尝试别的做法了，而应该去了解这是否跟过敏有关。比如鸡蛋过敏了，要停止此食物至少3个月。再次提醒妈妈：宝宝第一口辅食要添加婴儿配方米粉，而后是青菜、肉泥、蛋黄、鱼等，不要把顺序打乱了。

第六章

细嚼型辅食
（9个月，尝尝豆腐和
豆泥，鱼泥也可以来点）

．．．．．．．．．．．．．． • ．．．．．．．．．．．．．．

9个月的宝宝已经进入了长牙期，给他做一些可以用牙床磨碎的柔软的固体食物，或给一些酥软的手指状食物，这样不仅可以锻炼咀嚼功能，还可以训练吞咽动作和手指抓握能力。

本月辅食指导

　　本月宝宝可以尝点鱼儿的味道了。9个月的宝宝身体已经能分泌可以充分消化蛋白质的消化酶了，此时妈妈可以给他多喂些含蛋白质丰富的辅食，让他吸收足够的蛋白质，以满足身体发育需求。9个月的宝宝也已经开始慢慢喜欢上辅食了，也会喜欢自己抓着东西吃，最喜欢和爸爸妈妈一起吃饭啦，可以感受到吃饭是一件开心的事。本月妈妈不管母乳是否充足，从营养角度来说也不能单靠母乳来满足宝宝每日所需。本月宝宝可以用牙床磨碎柔软的固体食物了，咀嚼和吞咽的功能又增强了很多。

　　这个月的宝宝会长出2～6颗乳牙。出牙一般是不疼的，但有些宝宝会感到不舒服和烦躁。妈妈可以用干净的手指或湿润的纱布，放入宝宝的口中摩擦牙龈，这样会对他有所帮助；凉凉的磨牙棒/环也可以用来缓解宝宝出牙时的牙龈不适。

常见辅食种类

　　婴儿配方米粉、菜水、米汤、果汁、米糊、菜泥、果泥、肉泥、蛋黄、菜粥、肉粥、烂烂的面条、馒头、面包、鱼肉、豆腐等。

妈妈怎么做

　　1.乳类及乳制品是婴儿阶段主要的营养来源，每日仍应保证摄入700～800毫升的乳制品。

　　2.要让宝宝养成在固定地点、固定时间吃饭的习惯，让他慢慢形成吃饭的概念。

　　3.除继续让宝宝熟悉各种新食物的味道和感觉外，还应该逐渐改变食物的质感和颗粒大小，逐渐向固体食物过渡，使辅食取代一顿奶而成为独立的一餐。

妈妈要牢记

　　1.宝宝食物中依然不能加盐或糖及其他调味品。

　　2.这一阶段宝宝喜欢用手抓东西吃，应该鼓励宝宝自己动手吃。学吃是一个必经的过程。从科学的角度而言，基本没有宝宝不喜欢吃的食物，只是在于接触得频繁与否。而只有这样反复"亲手"接触，他们对食物才会越来越熟悉，将来就不太可能挑食。为宝宝准备一些可以用手抓着吃的食物，千万不要怕弄脏衣服就制止宝宝自己抓饭吃。

3.目前不能把单一蛋黄作为一餐辅食，一定要搭配碳水化合物，也就是主食。这个月新添加的鱼肉也是如此，不能让宝宝只吃鱼肉，而要把鱼肉加入米粥或是面条里，营养才能均衡。

宝宝本月发育指标

9个月	体重（千克）	身高（厘米）	头围（厘米）
男宝宝	9.69±1.01	72.8±2.3	45.4±1.2
女宝宝	9.12±0.82	71.0±2.0	44.4±1.2

本月宝宝会这些了

9个月的宝宝爬行已经相对灵活了，可以短暂地扶持站立。女宝宝又比男宝宝发展较早。所以这个阶段，在宝宝能爬到的范围之内，一定要考虑到方方面面可能发生的危险因素。家里的桌角都要包起来，避免误伤宝宝。

9个月的宝宝可以含混不清地说话或发出某些音节。

本月宝宝的小牙

9个月宝宝的乳牙继续萌出，流口水的现象会持续。有的上颌出2颗牙。宝宝出第一颗牙时，妈妈就应该帮他"刷牙"了——用干净湿润的纱布帮他们清洁牙齿。宝宝出牙的时间和速度是反映宝宝生长发育状况的标志之一，与遗传、气候、生活方式、体质等方面都有关系。牙齿萌出的早与晚，不是衡量宝宝生长发育状况的绝对指标。

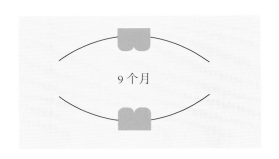

9个月

有的宝宝已经长出几颗小牙了，咀嚼能力大大提升，适合吃点半固态食物了。妈妈在做辅食时可以让颗粒粗大一点，质感也加粗一点，从碎末逐渐过渡到小碎块状的食物。让宝宝吃的食物逐渐向固体转变，也可以缓解宝宝出牙的不适感。蛋白质和铁都要适量添加，要注意荤素搭配。

鳕鱼碎

准备好：鳕鱼50克。

这样做：① 鳕鱼肉在清水中洗净，边洗边去掉鳕鱼的鳞片；② 将鳕鱼放入蒸锅隔水蒸8分钟至熟，取出，去掉骨刺捣碎即可。

面团妈妈小唠叨

　　妈妈可以先从深海鱼选择，因为深海鱼的DHA含量很丰富，对于宝宝的智力发育和视力发育有至关重要的作用，鱼刺也很少，是宝宝吃鱼的首选。提醒妈妈的是，鱼肉要搭配碳水化合物，也就是主食一起吃，如粥、面条等，每周宝宝最好吃鱼2～3次。

营养小贴士

　　鳕鱼中含有丰富的蛋白质、维生素A、维生素D、钙、镁、硒、镁等营养物质，还含有儿童发育所必需的各种氨基酸，其比值和儿童的需要量非常相近，又容易被消化吸收。此外，鱼肉中还含有不饱和脂肪酸和磷、铁、B族维生素等。

蔬菜鸡蛋饼

准备好：鸡蛋黄1个、菜心10克、鲜香菇1/2朵、胡萝卜10克、橄榄油少许。

这样做：① 菜心、胡萝卜、香菇放入沸水中焯熟，均捞出沥干水分，切碎末；② 鸡蛋黄打散后倒入焯熟的蔬菜碎末中，搅拌混合；③ 在锅中加入一点橄榄油，倒入蛋黄蔬菜液，摊成鸡蛋饼即可。

扫码观看视频

面团妈妈小唠叨

可将鲜香菇放盐水中浸泡一会，会更容易清洗。

营养小贴士

这个月宝宝需要更多的营养，这款蔬菜小饼用料丰富，能给宝宝提供更多营养。

青菜碎肉饼

准备好：猪肉馅20克、面粉50克、青菜1棵、油适量。

这样做：① 青菜洗净，氽烫断生，切碎；② 猪肉馅、青菜碎、面粉加水拌成糊状；③ 平底锅倒入油，烧热，将一大勺面糊倒入锅内，慢慢转动，制成小饼，双面煎熟即可。

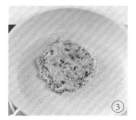

扫码观看视频

面团妈妈小唠叨

面糊适当调稀一点或加点蛋液，煎出来更软，方便宝宝嚼。

营养小贴士

青菜可以给宝宝提供纤维素，维护宝宝肠道健康。

三文鱼蔬菜面

准备好：儿童面条20克、三文鱼50克、青菜10克。

这样做：① 青菜取叶，洗净，切成细丝，在热水中烫熟后捞出，切碎，捣成泥；② 三文鱼洗净后用蒸锅隔水蒸熟，捣碎备用；③ 将儿童面条掰成小段，放进沸水汤锅里，煮至熟软；④ 将三文鱼鱼泥加入煮好的面条中即可。

面团妈妈小唠叨

还是要提醒妈妈面条要先掰成小段再煮，这样比较容易煮软烂，更适合这个月龄的宝宝。而且妈妈最好选择宝宝专用面条，因为这样的面条会严格控制盐的量，会比较适合宝宝食用。三文鱼买中间那段。每次蒸熟后的三文鱼捣碎后放入保鲜盒，放入冰箱冷藏，可以保存至第二餐时吃，与粥或是面条搭配都很好。

营养小贴士

三文鱼含有非常丰富的不饱和脂肪酸，而不饱和脂肪酸是保证人体内细胞维持正常生理功能不可缺少的物质之一。其中，$\Omega-3$脂肪酸是脑部、视网膜及神经系统必不可少的物质，对增强宝宝的脑功能和保护视力具有一定作用。

三文鱼菜花

准备好： 三文鱼50克、菜花30克。

这样做： ① 菜花掰开成小朵，洗净，放入沸水中煮软后切碎；② 三文鱼洗净，放入蒸锅隔水蒸熟，取出捣碎备用；③ 将三文鱼鱼碎放在菜花碎上拌匀即可。

面团妈妈小唠叨

　　这道菜妈妈也可以用西蓝花制作。虽然我们制作的食物种类增多了，但是宝宝第一次吃鱼时妈妈还是要单独制作，不要混合。如果确定宝宝没有异常反应，就可以继续吃鱼啦。而且还是要记住：菜里不要加盐及其他调味料。

营养小贴士

　　三文鱼的营养价值很高，它还是用于制作鱼肝油的原料之一。鱼肝油里面含有丰富的维生素D，维生素D可以有效地提高机体对钙、磷等多种元素的吸收，特别对正在成长发育的宝宝更加适合。菜花的维生素C含量极高，不但有利于宝宝的生长发育，更重要的是能提高宝宝的免疫力。这两样搭配起来吃营养更加丰富。

鸡茸玉米蘑菇汤

准备好：鸡肉30克、玉米粒10克、香菇1朵、鸡蛋1个（取蛋黄）。

这样做：① 香菇洗净后切成末；② 将香菇末和玉米粒一起用搅拌机搅打成茸；③ 鸡肉剁成碎粒，鸡蛋黄打散备用；④ 将玉米粒、香菇碎和鸡肉碎一起混合后，淋入蛋黄液；⑤ 将拌好的食材放入蒸锅，大火隔水蒸熟后，拌匀即可。

面团妈妈小唠叨

在制作时妈妈也可以将所有食材洗净后切小块一起倒入搅拌机搅打，可以稍粗一点，让宝宝的辅食质地由细到粗慢慢过渡。依旧强调不要加盐及其他调味料。

扫码观看视频

肉末土豆碎菜粥

准备好： 大米50克、猪瘦肉末30克、油菜1棵、土豆1/4个。

这样做： ① 油菜洗净、去根、切碎；② 土豆去皮洗净，切成小块，煮熟后捣成泥备用；③ 大米淘洗干净，加水浸泡 30 分钟备用；④ 锅内放入大米和适量清水，大火煮沸后转小火熬煮 10 分钟，加入肉末继续熬煮至黏稠，再加入油菜碎和土豆继续煮 5 分钟即可。

面团妈妈小唠叨

这款粥主食、肉、青菜都有了，是很好的宝宝辅食。虽然宝宝小牙很少，但是这样的稠粥还是可以吃的哦！妈妈可以放心给宝宝吃。

营养小贴士

土豆与青菜和肉末搭配是很好的组合，这一餐里还有一定量的碳水化合物，营养很丰富。

芦笋肉碎粥

准备好：大米50克、猪瘦肉末30克、芦笋1棵。

这样做：① 芦笋削去根部老硬部分，放入滚水中焯1分钟，取出，沥去水分，切成碎末备用；② 大米淘洗干净，在清水中浸泡30分钟备用；③ 锅内放入大米和适量清水，大火煮沸后，转小火煮10分钟，然后加入肉末，待粥熟了再加入芦笋碎同煮5分钟即可。

面团妈妈小唠叨

妈妈在给宝宝吃芦笋时要观察宝宝是否对芦笋有异常的胃肠反应等。芦笋要去除老的根部，先焯后切，这样会保证芦笋中的营养不流失。购买新鲜的芦笋时应以全株直长、笋尖花苞紧密，表皮鲜亮不萎缩者为佳。

营养小贴士

芦笋内含多种营养元素，适量吃一些芦笋，可以有效促进宝宝身体营养平衡，提高宝宝身体免疫力，也可以促进宝宝肠胃的消化功能，改善食欲，有助于宝宝健康成长。

花样面片

豆腐肉末双米粥

准备好：小馄饨皮4张、青菜2棵、熟鸡蛋黄1/2个、鸡汤50毫升。

这样做：①将小馄饨皮撕成碎一点的小块；②青菜洗净、去根、切成碎末，熟鸡蛋黄碾碎；③小汤锅内倒入鸡汤，大火煮沸后加入撕碎的面片，再次煮沸，随后放入青菜碎煮熟，最后撒上熟鸡蛋黄碎即可。

面团妈妈小唠叨

馄饨皮一般都很薄，很容易煮熟，宝宝也很好消化，搭配上熟鸡蛋黄碎营养更加丰富了。菜谱中指的"青菜"，妈妈可以自由选择，如油菜、白菜、鸡毛菜、小白菜等都可以。

营养小贴士

薄薄的面片是易于消化的食材，能增强食欲，还能适当补充体液，很适合给宝宝吃，对宝宝健康也十分有益。

准备好：大米30克、小米20克、牛肉30克、豆腐20克。

这样做：①大米和小米淘洗干净，在清水中浸泡30分钟备用；②牛肉洗净、切小块后放入搅拌机打成肉末，豆腐切成碎块；③肉末放入锅中，加入适量水，大火烧开后转小火继续煮10分钟，期间撇去浮沫；④锅中加入小米、大米和豆腐，大火煮开后转小火煲煮至熟即可。

面团妈妈小唠叨

肉的选择有很多，如猪肉、鸡肉都可以。选择两种米，有互相补充营养的作用。随着宝宝的长大，也可以将南豆腐换成北豆腐了。

营养小贴士

小米含有丰富的蛋白质，每100克小米就含有9克蛋白质。宝宝吃小米，可以提高身体的免疫力，增强抵抗力。

鸡茸豆腐羹

准备好： 鸡肉 30克、南豆腐30克、鲜香菇1朵、水淀粉1勺。

这样做： ① 鸡肉洗净、剁碎成茸，豆腐洗净后捣碎，香菇洗净后切成末；② 大火烧开锅中的水，放入处理好的鸡肉茸、豆腐碎和香菇末，煮沸后继续煮5分钟；③ 加入水淀粉勾芡即可。

面团妈妈小唠叨

这款辅食高蛋白低脂肪，很适合这个月的宝宝消化吸收。妈妈也可以将鸡肉茸换成三文鱼茸制作。

营养小贴士

鸡肉易消化，很容易被宝宝吸收利用，有增强体力、强壮身体的作用，对改善儿童的心脑功能和促进智力发育有较好的作用。

蛋黄银丝面

准备好： 银丝面30克、小白菜10克、熟鸡蛋黄1/2个。

这样做： ① 小白菜洗净后入沸水焯熟并切成末，鸡蛋黄碾成末；② 银丝面掰成小段放入沸水锅中煮至软烂；③ 将煮好的面盛入碗中，加入小白菜末和鸡蛋黄末，再加少许面汤拌匀即可。

面团妈妈小唠叨

煮面简便省时的方法就是在水沸时，将干面条掰成小段入锅煮。小白菜可以换成番茄、油菜、白菜等。也可以在吃的时候加入一些鱼泥或肉泥。

营养小贴士

烂烂的面条易嚼，易消化，作为宝宝辅食很适合；加入宝宝已经开始吃的鸡蛋黄营养会更丰富；再配以小青菜、鱼肉或瘦肉末，营养更加全面。

扫码观看视频

奶香牛油果蛋黄磨牙棒

准备好：熟鸡蛋黄1个、酸奶10克、牛油果1/2个、全麦面包1片。

这样做：① 牛油果纵向切开，去掉果核，挖出果肉；② 将全麦面包片切成条状；③ 将牛油果果肉、熟鸡蛋黄和酸奶一起碾压至呈顺滑状。

吃的时候让宝宝自己握着面包条蘸牛油果蛋黄酱即可。

面团妈妈小唠叨

宝宝这个月已经出了几颗小牙了，妈妈准备这样的磨牙棒给他们会给出牙的宝宝一些帮助，他们会觉得舒服很多。在制作时妈妈要确定宝宝对麦麸不过敏，如过敏，妈妈也可以换成其他白吐司。鼓励宝宝用手自己抓着面包条蘸牛油果酱吃，鼓励他自己控制食物，不要怕弄脏衣服。

营养小贴士

牛油果含多种维生素、丰富的脂肪和蛋白质，钠、钾、镁、钙等含量也高，这些营养成分对宝宝的眼睛很有益。它一直是美国医生极力推荐的婴儿食品，美国人还称之为"brain food"，因为它所含的丰富维生素可以促进宝宝脑细胞的生长，并提高记忆力。

扫码观看视频

鱼肉小馄饨

准备好： 鱼肉50克、小馄饨皮6张、青菜1棵。

这样做： ① 鱼肉清洗干净、沥净水分、剔除干净鱼刺并剁成泥状，青菜洗净、去根、切成碎末；② 将鱼泥和青菜末混合搅拌均匀，制成馄饨馅，将馄饨皮和馅料包成小馄饨；③ 大火烧开锅中的水，倒入包好的馄饨，煮至馄饨浮上水面时即可。

面团妈妈小唠叨

鱼肉的刺要剔除干净，可以选用刺少的鲈鱼、鳕鱼、三文鱼、黄鱼等。馄饨里要加入一些青菜，油菜、白菜都可以。馄饨皮要做得薄一些，煮的时候充分煮熟。这样的一碗馄饨荤素搭配很合理，很适合宝宝吃，就算没几颗小牙也完全可以用牙龈磨碎食物。

营养小贴士

鱼肉中富含蛋白质、不饱和脂肪酸及维生素，宝宝常吃鱼肉可以促进生长发育；做成馄饨，会让宝宝更容易接受面食，以补充身体内所需的糖类。鱼肉营养价值极高，经研究发现，儿童经常食用鱼类，其生长发育比较快，智力的发展也比较好。

香菇肉末蔬菜粥

准备好：大米50克、猪瘦肉末30克、香菇1朵、芹菜10克、胡萝卜10克。

这样做：①香菇、芹菜、胡萝卜洗净后，焯水，沥干水分，均切成小碎末备用；②大米淘洗干净，在清水中浸泡30分钟备用；③锅内放入大米和适量清水，大火煮沸后，转小火煮10分钟，然后加入肉末，待粥熟了，加入香菇、芹菜、胡萝卜碎末同煮8分钟即可。

面团妈妈小唠叨

粥和其他配菜要先分开煮熟，待粥煮熟后再和蔬菜混到一起煮。菜谱中提到的所有的配菜都是可以替换的，只要是宝宝食用后胃肠没有异常反应的蔬菜都可以替换着做。颜色丰富的蔬菜组合都可以尝试——颜色和质感丰富的食材可以刺激宝宝的感官，让他逐渐觉得吃饭是愉快的体验。

营养小贴士

香菇含有十余种氨基酸。而人体所必需的8种氨基酸，香菇就有7种。香菇还含有多种维生素和矿物质，对促进人体新陈代谢，提高机体适应力有很大作用。宝宝长个子离不开维生素D，香菇就含有丰富的维生素D，经常食用可预防佝偻病。

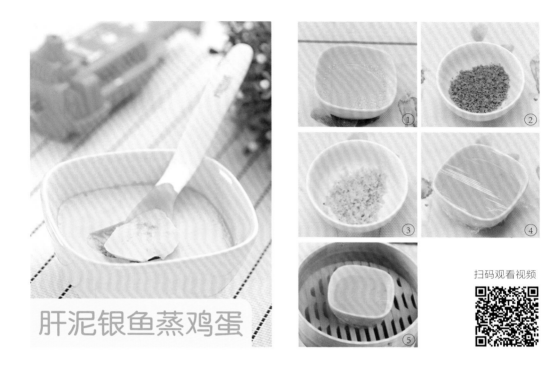

肝泥银鱼蒸鸡蛋

扫码观看视频

准备好：鸡蛋黄1 个、鸡肝30 克、银鱼10 克。

这样做：①鸡蛋黄加50毫升温水打散备用；②鸡肝处理干净，放入沸水中焯水，捞出并沥干水分，剁碎成泥状；③银鱼放入沸水中焯水后剁成末；④将鸡肝泥和银鱼碎末放入盛有蛋黄液的碗中，搅拌匀，盖上保鲜膜；⑤将碗放入锅中蒸至食材全熟即可。

面团妈妈小唠叨

鸡肝、鸭肝、猪肝这些内脏，妈妈一周给宝宝吃1次即可。这些动物肝脏买回来洗净后，要先在水中浸泡30分钟后再制作。还是要提醒妈妈们，主食要至少占每餐辅食量的一半，其余的蔬菜、肉类、鱼类等共占一半。要掌握好这个比例，从而合理安排宝宝每餐的辅食。

营养小贴士

银鱼中蛋白质含量为72.1%，氨基酸含量也相当丰富。银鱼属"整体性食物"，没有鳞和骨，营养完全，利于宝宝提高免疫力。鸡肝的维生素A含量高于猪肝，并含有大量的铁、锌、硒等多种矿物质，而且体积小，口感细腻，宝宝吃了既养眼护脑，又能增强体质。

三文鱼土豆蛋饼

准备好：三文鱼50克、土豆1/2个、鸡蛋黄1个。

这样做：① 三文鱼洗净、切块，土豆去皮、洗净后切块；② 把三文鱼块和土豆块放入蒸锅，隔水蒸熟；③ 蒸熟的三文鱼和土豆混合捏碎；④ 加入蛋黄搅拌均匀；⑤ 取适量混合好的食材，团成小饼；⑥ 制好的小饼放入平底锅中；⑦ 将小饼煎至两面金黄即可。

面团妈妈小唠叨

怎么选择三文鱼：妈妈用手指轻轻地按压三文鱼，如果鱼肉不紧实，压下去不能马上恢复原状的三文鱼，就是不新鲜的。买回来的三文鱼切成小块，用保鲜膜封好，再放入冰箱，如果在－20摄氏度条件下速冻可以保存一段时间。

扫码观看视频

营养小贴士

三文鱼中的鱼油富含维生素D等，能促进机体对钙的吸收利用，有助于宝宝的生长发育，而且还是很好的益智食材。

银耳百合粥

准备好： 百合10克、银耳10克、大米40克。

这样做： ① 银耳、百合加水泡发，银耳撕成小片，大米淘洗干净；② 所有食材倒入锅中，加入适量清水，大火煮沸后转小火煮成黏稠的粥。

面团妈妈小唠叨

百合润肺，银耳滋润。此粥适合秋天给宝宝吃，可以预防天气干燥引起的咳嗽。此粥也可以不加大米用清水煮成银耳百合羹给宝宝吃，可以当作下午茶、加餐，宝宝会非常喜欢的！

营养小贴士

银耳既有补脾开胃的功效，又有益气清肠的作用，还可以滋阴润肺；它富含维生素D，能防止钙的流失，对生长发育十分有益；因富含硒等微量元素，它可以增强机体的免疫力。宝宝吃百合能补充能量和维生素B_1、维生素B_2、钙、磷、钾等营养成分。百合性平，味甘、微苦，能补中益气，养阴润肺，止咳平喘，利大小便。

双色薯糕

扫码观看视频

准备好：紫薯50克、红薯50克。

这样做：① 红薯和紫薯去掉外皮，在清水中洗净，切成小块状；② 将红薯和紫薯放入蒸锅中蒸熟；③ 用勺背将蒸熟的红薯块和紫薯块分别压成泥状，再分别团成薯饼；④ 用饼干模具在薯饼上刻出可爱的造型即可。

面团妈妈小唠叨

妈妈也可以用芋头或土豆制作点心，颜色搭配好看还可以引起宝宝的兴趣哦！如果没有模具也可以将其揉成小圆形、三角形等好做的造型。

营养小贴士

紫薯含有丰富的蛋白质、氨基酸、维生素、铁等众多营养元素。其中，紫薯中的纤维素含量高。众所周知，纤维素可以促进肠胃蠕动，清理肠腔内滞留的黏液、积气和腐败物，对消化系统有极大好处。薯类的食物吃多了容易胀气，宝宝也要适量吃。

扫码观看视频

Rainbow（彩虹）软软饭

准备好：圣女果2个、胡萝卜20克、牛油果20克、紫甘蓝1片、软饭 20克、黄彩椒 30克、蓝莓5颗。

这样做：① 圣女果、胡萝卜、黄彩椒、紫甘蓝、蓝莓洗净后，分别切成小粒，备用；② 牛油果去皮、切成小粒，紫甘蓝煮熟后切成小粒；③ 将圣女果、胡萝卜、黄彩椒在盘中摆成彩虹的弧形，然后上蒸锅蒸2分钟；④ 待食材出锅后依次摆放牛油果碎粒、软饭、蓝莓碎粒、熟紫甘蓝碎粒即可。

面团妈妈小唠叨

妈妈可以根据自己宝宝的喜好搭配不同颜色的蔬菜，像黄瓜、西葫芦、豌豆、苹果等都可以选择，但要选宝宝食用后没有异常反应的蔬菜。宝宝会很想自己用手抓着吃或自己试着用勺子吃，妈妈不要阻止他们哦，小手洗干净，戴好围嘴就好啦！

营养小贴士

这些颜色丰富的蔬菜混搭在一起，宝宝看着会很喜欢，而且它们所含维生素种类丰富，不仅好看还营养哦！也可以再搭配鸡肉或鱼类辅食一起给宝宝吃，营养更加全面。

西蓝花鸡肉烩

准备好：西蓝花50克、鸡肉50克。

这样做：① 西蓝花洗净后掰成小朵；② 鸡肉洗净后去掉筋膜，剁成鸡肉茸；③ 将西蓝花和鸡肉茸混合拌匀后，入蒸锅用大火隔水蒸熟即可。

面团妈妈小唠叨

这道菜妈妈可以加在白粥或面条里拌着给宝宝吃。鸡肉就选鸡腿肉或鸡胸肉。妈妈要注意随着宝宝咀嚼能力的提高，食物质地也要与之前的质地有所区别，可以用刀将鸡肉切成碎末或小碎块。

营养小贴士

鸡肉蛋白质中富含人体必需的氨基酸，其含量与蛋、乳中的氨基酸构成极为相似，因此，是优质蛋白质的来源。鸡肉也是磷、铁、铜和锌的良好来源，并且富含维生素，在改善心脑功能、促进宝宝智力发育方面，有较好的作用。

银鱼蛋花粥

准备好：银鱼10克、大米50克、鸡蛋黄1个。

这样做：① 银鱼焯一下、剁碎，鸡蛋黄打散备用；② 大米淘洗干净，加入清水浸泡30分钟；③ 锅内放入大米和适量清水，大火煮沸后，转小火煮10分钟，然后加入银鱼末，待粥煮熟了，淋入蛋黄液继续煮5分钟即可。

面团妈妈小唠叨

这款粥里妈妈还可以加一点小青菜碎，营养就更加均衡了。新鲜的银鱼，以洁白如银且透明，体长2.5~4.0厘米为宜，鱼体软且下垂，无黏液。干品以鱼身干爽、色泽自然而明亮者为佳品。

营养小贴士

银鱼是极富钙质的鱼类，基本没有大鱼刺，且营养丰富，具有高蛋白、低脂肪的特点，可增进宝宝的免疫功能。

本月妈妈误区

Q：让宝宝多吃蔬菜和肉类营养才好，主食可以少吃点？

A：这种喂养观念是不对的。

这种喂养会导致宝宝体重增长缓慢，喂养效果不好的情况发生。虽然宝宝看似吃了不少东西，但是营养处于摄入不足的状态。主食要占到每餐辅食一半的量，而且不能每餐都是稀稀的面条和粥。要掌握好主食摄入量，因为主食如果添加不够是不能给宝宝提供正常的能量的。营养不均衡或能量不足，不利于宝宝的体重增长。

Q：宝宝牙齿才长，要给他吃颗粒细腻的辅食吗？

A：这样的喂养方法是不妥的。

宝宝长牙的快慢不等，9个月有的已经有2～3颗小牙了。妈妈担心损伤小牙，仍然给宝宝吃颗粒非常细腻的辅食，这样不好。因为9个月，从医学角度来说，宝宝已进入食物的质地敏感期，再加上因逐渐开始长牙，宝宝的牙龈有痒痛的感觉，所以他特别喜欢吃稍微有点颗粒、粗糙一点的辅食，这样做可增加他牙龈的摩擦感，缓解出牙不适。

Q：多吃高蛋白食物，宝宝长得快？

A：这样做是不妥的。

许多妈妈都认为想要宝宝长得高、长得壮，就得多给他吃高蛋白的食物，比如多给宝宝吃些鱼、肉、蛋等。其实，高蛋白食物多为动物性食物，胆固醇、饱和脂肪酸的含量都较高，如果摄入过多会加重肾脏负担。宝宝的日常膳食要均衡、全面，不可只注重蛋白质的摄取。只有营养均衡，身体发育才会均衡。

第七章

细嚼型辅食
（10个月，宝宝可以吃虾啦！）

10个月的宝宝能够吃大部分食物了，因而妈妈可以给宝宝适当增加一些骨头汤、牛奶、鸡蛋、豆制品、新鲜蔬菜等，以满足机体生长发育的需要，促进牙齿钙化。

本月辅食指导

本月宝宝又成长了，可以尝点虾肉啦。10个月是宝宝向直立过渡的时期，一旦会独坐后，他就不再老老实实地坐了，就想站起来了。此时的宝宝能够独自站立片刻，大人牵着手会走。这个月宝宝的生长规律和上个月相差的不是很多。宝宝的身长会继续增加，给人的印象是瘦了。有的宝宝可以长出4~6颗乳牙了；会说一两个字，能发出不同的声音表示不同的意思；好奇心增强，经常看见大人做的事，他也想学着做。

10个月之后，宝宝的咀嚼能力已得到提升，适合吃半固态的食物。这类口感新鲜的食物容易咀嚼、吞咽，又能在宝宝长牙期锻炼他们的牙齿。家长可以让宝宝和

大人一起吃饭，但是仍然要注意喂给他适合的食物。这一阶段绝大多数宝宝会用牙床咀嚼食物，要创造条件让宝宝充分练习咀嚼。

蛋白质和铁都要适量添加，要注意荤素搭配，每顿饭放3种以上的菜，但是还是要注意第一次添加的食物要单独添加，不要混合。

常见辅食种类

婴儿配方米粉、菜水、米汤、果汁、米糊、菜泥、果泥、肉泥、蛋黄、菜粥、肉粥、烂烂的面条、馒头、面包、鱼肉、豆腐、磨牙饼干、虾肉、肝泥、肉末、软米饭等。

妈妈怎么做

妈妈要记住，宝宝这个月的食物要比上个月的颗粒粗大一点点，让质感有所加粗，从碎末逐渐过渡到小碎块儿状的食物。逐渐改变食物的形状，当然也可以缓解宝宝出牙的不适感。但是喂水果时，如苹果、梨、桃等，还是要去皮、去核。宝宝的吞咽能力还不强，水果皮是不大能咀嚼咽下的，妈妈要注意哦！

妈妈要牢记

1.10个月的婴儿以稀粥、软面为主食，适量给他们吃一些新鲜的水果（要记

住去皮、除核）。宝宝的食物中依然不能加盐或糖及其他调味品。

2.有些宝宝不喜欢一直坐着不动，包括吃食物的时候也是如此。如果出现这样的情况，在喂食物前最好把能够吸引宝宝的玩具等东西收好。

3.每个宝宝的饮食情况不同，妈妈们不用去比较，注意观察自己宝宝的身高、体重等指标就好。也许别人家宝宝喜欢的食物你的宝宝并不喜欢吃，这都很正常。不要勉强宝宝进食，要尊重他们，培养吃饭的乐趣哦！

宝宝本月发育指标

10个月	体重（千克）	身高（厘米）	头围（厘米）
男宝宝	10.09±1.01	74.3±2.2	45.9±1.2
女宝宝	9.48±0.86	72.0±2.0	44.9±1.4

本月宝宝会这些了

10个月的宝宝刚开始站立时，会扶着东西站那儿，双腿只支撑大部分身体的重量。如果宝宝运动发育好些的话，还会扶着东西挪动脚步或者独自站立，不需要扶东西。

他好奇心很强，很想模仿大人做事；也会伸手给东西，但一般不肯放手真给；很喜欢拉住妈妈的衣服引起注意；很喜欢看着爸爸妈妈。

宝宝会主动要吃东西了，比如抢你手里的勺子不要你喂。也许他会弄得一片狼藉，但是妈妈还是要鼓励他。这样可以避免追着喂饭等。但是在宝宝自己吃东西时，妈妈一定要监督他，确保安全。

本月宝宝的小牙

通常宝宝在出生6～7个月便开始长牙，出牙早的在4个月便开始长牙，出牙晚的要到10个月左右牙才萌出。这个月宝宝会长出下中切牙和上侧切牙。

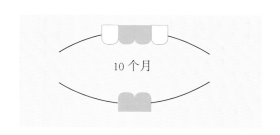

时蔬鲜虾粥

准备好： 大米20克、大虾2只、芹菜15克、胡萝卜15克、玉米粒15克。

这样做： ① 将大虾洗净，去除沙线，取虾肉，剁碎；② 芹菜洗净，去根、叶，切成碎末；③ 胡萝卜去皮，洗净，切末；④ 玉米粒洗净，切碎备用；⑤ 大米淘洗干净，在清水中浸泡30分钟；⑥ 大米中加入适量清水煮沸，转小火，边搅拌边煮15～20分钟至稠状，加入芹菜末、胡萝卜末、虾仁碎和玉米碎，继续煮1～2分钟即可。

面团妈妈小唠叨

宝宝可以吃虾了，妈妈要一次添加一种，观察宝宝是否有异常反应。虾肉很容易煮熟，妈妈可以把辅食颗粒做得略粗，虾肉剁碎即可，不用做成虾泥。搭配的蔬菜可以选择宝宝吃过的蔬菜，挑1～2种搭配即可。

营养小贴士

虾仁营养丰富，所含的蛋白质是鱼、蛋、奶的几倍甚至几十倍；其钙、镁含量也很丰富，而且比例恰好是人体吸收钙的最佳比例。虾仁还含有钾、硒等元素和维生素A，且肉质松软，易消化，宝宝常吃有健脑益智的功效。

双色虾肉菜花

准备好：菜花20克、西蓝花20克、大虾2只。

这样做：① 将菜花、西蓝花分别洗净，放入沸水中煮软后捞出，切碎；② 大虾洗净，去壳取虾肉，去除沙线，放入沸水中煮熟，切碎；③ 将熟虾仁碎与切好的双色菜花碎拌匀即可。

面团妈妈小唠叨

这款双色虾肉菜花可以拌在面条或是白粥里吃，是很好的一餐辅食，宝宝很容易消化吸收。每餐辅食中妈妈都要加入主食，不能说虾肉好就让宝宝只吃虾肉而不摄入主食和蔬菜，比例搭配好营养才能均衡哦！

营养小贴士

虾肉含有的维生素D也是水产之首，维生素D和镁都能促进钙吸收。虾的营养价值极高，虾中含有丰富的微量元素锌，它可改善宝宝因缺锌所引起的味觉障碍和生长障碍，还能增强宝宝的免疫力。再好的东西也不能多吃，一周吃一次虾就好，每次2只。

肉末芦笋豆腐

准备好：芦笋1棵、北豆腐50克、肉末30克。

这样做：① 芦笋削去根部老硬部分，洗净后切成碎粒备用；② 豆腐洗净后切成小块，与芦笋碎和肉末混合，隔水大火蒸熟即可。

面团妈妈小唠叨

豆腐选用北豆腐，不要用南豆腐或嫩豆腐。宝宝这月辅食的质地可以略粗和硬一点，韧豆腐或北豆腐是很好的选择，也不要切得很碎，差不多1厘米见方的小块就好。妈妈可以把这道菜拌在粥、面条、面片里给宝宝吃。

营养小贴士

芦笋内含多种营养元素，平时适量吃一些芦笋，可以有效促进宝宝身体营养平衡，进而有助于改善免疫力。豆腐与芦笋搭配，营养味美。

南瓜四喜汤面

准备好：南瓜20克、肉末20克、胡萝卜20克、莴笋20克、儿童面条50克。

这样做：① 南瓜、胡萝卜和莴笋分别洗净，去皮，切丁备用；② 小汤锅中加水，放入肉末大火煮沸，再把南瓜丁、胡萝卜丁、莴笋丁放入汤中，继续用大火烧沸；③ 汤煮沸后放入掰成小段的面条，所有食材煮熟煮烂即可。

面团妈妈小唠叨

这个月的宝宝辅食还是要以软烂的面条、面片、软软的稠粥为主，再搭配蔬菜和肉、虾、鱼等。主食的供给要占每餐辅食的一半，这样才能保证宝宝所需的能量与营养。

营养小贴士

南瓜所含的β－胡萝卜素，可由人体吸收后转化为维生素A。另外，南瓜可以给宝宝提供丰富的维生素A、维生素E等，不仅可使机体的免疫力得到增强，还对改善秋燥症状大有好处。

猪血菜肉粥

准备好：米50克、猪血20克、猪瘦肉20克、油菜叶5克。

这样做：① 大米淘洗干净，加清水浸泡30分钟；② 猪瘦肉和猪血分别洗净、剁碎；③ 油菜洗净，汆烫后捞出，剁碎；④ 大米下锅，加适量清水煮沸，转小火，边搅拌边煮15～20分钟至稠状；⑤ 倒入肉末、猪血、油菜末搅拌均匀，边煮边搅拌，用大火煮10分钟左右即可。

面团妈妈小唠叨

猪血不用切很碎，切成1厘米左右的小块即可。油菜也可以换成小白菜等制作。

营养小贴士

动物血液如猪血、鸡血、鸭血等，血液里铁的利用率为12%，如果注意清洁卫生，加工成血豆腐，可预防儿童缺铁性贫血。每周吃1次即可。

燕麦南瓜

准备好：南瓜50克、燕麦片50克。

这样做：① 南瓜洗净，去皮，去籽，切成小块，入蒸锅蒸熟；② 燕麦片加清水煮熟；③ 把蒸熟的南瓜块倒入煮熟的燕麦片中，搅拌均匀即可。

面团妈妈小唠叨

南瓜皮有点厚，妈妈切的时候要注意安全，可以先切成小块再蒸，比较容易熟。对于这个月龄的宝宝，妈妈可以不用把南瓜碾成泥，留一些颗粒有利于牙齿发育。

营养小贴士

燕麦里所含的不溶性膳食纤维素具有刺激胃肠蠕动、促进排便的作用，可以帮助便秘的宝宝缓解便秘症状。每100克燕麦中含B族维生素的量居各种谷类粮食之首，尤其富含维生素B_1，能够提高宝宝的注意力。

芋头肉粥

准备好：芋头30克、猪肉20克、大米50克。

这样做：① 芋头去皮，洗净后切成小丁，在清水中浸泡；② 猪肉洗净后切碎；③ 大米洗净后，用清水浸泡30分钟；④ 大米加入适量清水煮沸，放入芋头和猪肉碎，再次大火煮沸后转小火熬煮成黏稠的粥即可。

面团妈妈小唠叨

挑选芋头可是有学问的：体形匀称，拿起来重量轻，就表示水分少；切开来肉质细白的，就表示质地松，这就是上品。

营养小贴士

芋头富含蛋白质、矿物质、胡萝卜素、维生素、皂苷等多种成分。其所含的矿物质中，氟的含量较高，具有洁齿防龋、保护牙齿的作用。

赤小豆泥

准备好：赤小豆50克。

这样做：① 赤小豆择洗干净后用清水浸泡至软；② 泡软的赤小豆加入适量清水煮沸，然后转小火煮至软烂。

面团妈妈小唠叨

如果妈妈担心赤小豆的皮宝宝吞咽、消化不了，可以做完后用搅拌机搅打一下。煮好后的赤豆泥可以拌在米粥里吃，但是不要往里加糖。这个月龄宝宝的辅食里盐和其他调味品都不要添加。

营养小贴士

赤小豆富含铁质，具有补血、促进血液循环、增加体力、增强抵抗力的功效；含有较多的皂苷，可刺激肠道蠕动，促进其消化吸收。

扫码观看视频

牛肉鸡毛菜粥

准备好：大米50克、牛里脊肉20克、鸡毛菜10克。

这样做：① 牛里脊肉用流动的清水冲洗净，沥干水分，剁成肉茸；② 鸡毛菜择洗干净后，在沸水锅内烫熟，捞出剁成菜末；③ 大米淘洗干净后，加适量清水，大火煮沸后，加入牛肉茸，继续熬煮至黏稠；④ 在粥里加入鸡毛菜末，搅拌均匀即可关火。

面团妈妈小唠叨

在这里要反复强调，虽然宝宝辅食的花样增多了，但是1岁以内的宝宝，辅食里不要添加盐等调味品。喂养的顺序依旧是先喂辅食再喂奶，让宝宝知道饿和饱的感觉。

营养小贴士

牛肉可以补脾胃、强筋骨，牛肉粥可以使宝宝身体更强健。鸡毛菜可以辅助治疗肺热咳嗽、便秘、小儿缺钙。鸡毛菜为含维生素和矿物质最丰富的蔬菜之一，有助于增强宝宝的免疫力。

鸡碎蔬菜数字面糊

扫码观看视频

准备好：菜心30克、儿童数字面50克、熟鸡蛋黄1个、鸡肉30克。

这样做：①菜心洗净后，放入沸水中焯熟，捞出沥干水分，一半切碎，一半搅拌成蔬菜泥备用；②鸡肉洗净、切碎，鸡蛋黄掰碎；③在沸水中放入儿童数字面和鸡肉碎，然后加入切碎的蔬菜碎和蔬菜泥，至煮熟煮软后捞出；④将鸡蛋黄碎撒在面上即可。

面团妈妈小唠叨

　　儿童数字面是小粒状的，很适合这个月龄的宝宝，也很容易煮熟。蔬菜一半搅打成糊一半切碎，不但使面糊颜色好看，而且一半的蔬菜碎又很适合这个月龄的宝宝，帮助小牙发育。妈妈们不妨试试。

营养小贴士

　　菜心营养价值很高，富含钙、铁、维生素A等多种营养成分，可增强宝宝的免疫力，预防缺铁性贫血的发生。而且这款面包含多种食材，营养丰富，颜色好看，宝宝会很喜欢它的。

扫码观看视频

洋葱碎肉肉饼

准备好： 猪肉馅20克、面粉50克、洋葱10克、植物油适量。

这样做： ① 准备好猪肉馅；② 将洋葱去皮，在清水中洗净，切成洋葱末；③ 将猪肉馅、洋葱末、面粉加水后拌成糊状；④ 在平底锅或饼铛中倒入适量植物油，烧热，将一大勺面糊倒入锅内，慢慢转动，制成小饼，双面煎熟即可。

面团妈妈小唠叨

妈妈不必担心宝宝吃洋葱会不合适，其实宝宝是可以吃洋葱的。洋葱的维生素含量高，对婴幼儿身体发育有好处，但一次不宜食用过多。洋葱属于辛辣刺激性食物，妈妈一定要先用凉水泡一会儿，没有刺鼻的味道才能给宝宝食用。

营养小贴士

洋葱有助于激活宝宝的免疫系统，抵御细菌的感染。妈妈们给宝宝做一道洋葱辅食，既能补充营养，又能增强宝宝的免疫力。而且吃洋葱能够促进宝宝对食物中铁元素的吸收，提高胃肠道的张力，增加消化液的分泌，增进食欲，帮助消化。

①②③④⑤

扫码观看视频

准备好： 鸡蛋黄1个、基围虾2只、猪肉20克、香菇1朵。

这样做： ① 将虾洗净、剥壳、去除沙线、剁碎，猪肉洗净、切成末，香菇洗净、切成末；② 将虾泥碎、猪肉末、香菇末混合在一个碗里，顺着一个方向搅拌均匀；③ 鸡蛋黄打散；④ 在蛋黄液中加清水，以及虾泥、肉末、香菇末，搅拌均匀；⑤ 将食材放入蒸笼内，隔水蒸5～8分钟至熟即可。

面团妈妈小唠叨

　　猪肉可以换成鸡肉或牛肉。蘑菇用白蘑菇或香菇都可以。要记住现在这个月龄的宝宝还不能吃全蛋，妈妈要用蛋黄制作这道菜。这道菜不能单独作为一顿辅食，要和主食配在一起吃。

营养小贴士

　　香菇由于营养丰富、香气沁脾、味道鲜美，素有"菇中之王""蘑菇皇后""蔬菜之冠"的美称。香菇有辅助补肝肾、健脾胃、益气血、益智安神等作用。这款蛋羹宝宝易消化吸收，营养还很丰富，搭配在粥或面条里吃都很合适。

扫码观看视频

蛋皮鱼肉卷

准备好： 鸡蛋黄1个、净鱼肉60克、植物油适量。

这样做： ① 净鱼肉在清水中洗净，沥干水分，然后将鱼肉剁成鱼泥；② 鱼泥放入蒸锅中，隔水将其蒸熟；③ 鸡蛋黄打散成蛋黄液；④ 小火将平底锅烧热，涂一层薄薄的植物油，倒入蛋黄液摊成蛋饼，熟时熄火，把蒸熟的鱼泥平摊在蛋饼上，卷成蛋卷，出锅后切小段装盘即可。

面团妈妈小唠叨

净鱼肉是指处理完的鱼肉，去鳞、去皮、去刺等。制作这道辅食需要的油很少，只要在平底锅内薄薄抹一层油即可。这道辅食在吃的时候搭配主食即可。

营养小贴士

鱼肉中锌含量丰富，蛋黄中富含DHA和卵磷脂、卵黄素，对神经系统和身体发育有利。两者都属益智食材，搭配起来对健脑益智、改善记忆力有效。

扫码观看视频

牛油果酸奶

准备好：牛油果1/2个、全脂酸奶1杯、燕麦片30克。

这样做：① 挑选比较熟的牛油果，去皮，将果肉切碎、捣烂成泥；② 将小汤锅置火上，倒入适量清水煮沸，放入燕麦片，用大火煮沸后，晾凉；③ 将果泥和煮熟的燕麦片放进酸奶里；④ 搅匀即可。

面团妈妈小唠叨

　　鼓励宝宝自己拿面包或者软熟的蔬菜蘸着牛油果酸奶吃，会非常美味，而且是很好的磨牙辅食哦。当你在挑选牛油果的时候，请选择表皮坚硬而且有凹凸纹理的，以深绿色的为佳。

营养小贴士

　　牛油果含多种维生素（维生素A、维生素C、维生素E及B族维生素等）、多种矿物元素（钾、钙、铁、镁、磷、钠、锌、铜、锰、硒等）、食用植物纤维等，营养元素很丰富、全面，能补益宝宝身体，促进宝宝生长发育。

什锦小软面

准备好：儿童面条50克、鸡蛋1个 (取蛋黄)、胡萝卜1/2个、黑木耳1朵、西蓝花2朵。

这样做：① 黑木耳泡发，洗净后剁碎；② 胡萝卜洗净后去皮、剁碎，西蓝花洗净后也同样剁碎备用；③ 鸡蛋黄打散成蛋黄液；④ 小汤锅内倒入鸡汤或清水，大火煮沸后加入儿童面条，再次煮沸，放入所有蔬菜、黑木耳碎煮熟，最后洒上蛋黄液即可。

面团妈妈小唠叨

面条根据每个宝宝的食量自行调整，煮的时候先掰成段再煮会比较适合宝宝吃。面片也可以照此方法制作哦。配菜可以选择2～3种，蔬菜种类妈妈也可自行搭配。提醒妈妈：要把黑木耳泡发、洗净后切碎并煮烂，宝宝才会更好地消化吸收。

营养小贴士

软软的面条对于宝宝来说很好消化吸收，搭配蔬菜让营养更加丰富。黑木耳中含有丰富的铁元素，每100克中约含铁100毫克，是猪肝含铁量的数倍，比菠菜的含铁量足足高出几十倍，因此，宝宝适当吃些黑木耳能有效预防缺铁性贫血。

奶香鲜虾豆苗羹

扫码观看视频

准备好：鲜虾泥50克、豌豆苗50克、配方奶适量、水淀粉适量。

这样做：①豌豆苗择洗干净；②将豌豆苗焯水后捞出；③将豌豆苗切成碎末；④将虾泥、豌豆苗末放同一只碗中拌匀；⑤小汤锅中倒入配方奶，再加入虾泥、豌豆苗，用大火煮至熟，最后用水淀粉勾芡即可。

面团妈妈小唠叨

加入了配方奶的这道菜有种奶香味，加上虾泥的味道，这道辅食宝宝会很喜欢吃的。豌豆苗妈妈要挑取细嫩的部分切碎给宝宝吃。剩下的蔬菜也不要浪费哦，大人们可以炒着吃。

营养小贴士

豌豆苗中富含人体所需的各种营养物质，尤其是含有优质蛋白质，可以提高人体的抗病能力和康复能力。豌豆苗含有丰富的维生素、胡萝卜素等营养物质，有消肿、助消化的作用。

蔬菜摊蛋黄小饼

准备好：菜心30克、鸡蛋黄2个、香菇2朵、胡萝卜半根、橄榄油少许。

这样做：① 菜心、香菇洗净后沥干水分，胡萝卜洗净后去皮、切片；② 处理好的蔬菜都放入沸水中焯熟，均捞出沥干水分，切碎末；③ 鸡蛋黄打散后加入焯熟的蔬菜碎混合；④ 在锅中加入一点橄榄油，将混合好的蔬菜蛋黄液倒入，摊成鸡蛋饼即可。

面团妈妈小唠叨

这款小饼，妈妈可以切成块让宝宝自己拿着吃。鼓励他自己吃东西（由家长监护），是这个月宝宝要练习的呦！妈妈不要担心他会吃不好而弄得一片狼藉。

营养小贴士

橄榄油中单不饱和脂肪酸的含量达到60%，远高于通常的豆油、花生油和色拉油，能促进婴幼儿神经系统和骨骼的生长发育。

清蒸鱼饼

准备好：净鱼肉100克、鸡蛋黄1个、淀粉10克。

这样做：① 将鱼肉洗净后切小丁，放入搅拌机和鸡蛋黄一起打成鱼泥备用；② 鱼泥加入淀粉后拌匀，也可以再次搅打；③ 将鱼泥盛入碗中，用勺子背抹平，入蒸锅蒸熟即可。

面团妈妈小唠叨

妈妈选择鱼的时候要选择鱼刺少的，比如三文鱼、鲈鱼、鲑鱼等。草鱼或鲤鱼的刺比较多，要谨慎选用。二次搅打是为了使鱼泥上劲，不要用搅拌机，手动搅打就行。

营养小贴士

鱼肉的肌纤维较短，组织结构松散，水分含量较多，因此，肉质比较鲜嫩，和禽畜肉相比，口感软嫩，更容易消化吸收。

白萝卜虾茸粥

准备好：白萝卜30克、虾2只、大米50克。

这样做：①大米淘洗干净，在清水中浸泡30分钟，加入适量清水煮沸，转小火煮成米粥；②虾洗净，去壳取虾肉，去除沙线，放入沸水中煮熟，切碎；③白萝卜去皮、切成片后，放入沸水中焯熟，切碎；④将虾碎和白萝卜碎倒入米粥中，再次煮2～3分钟即可。

面团妈妈小唠叨

白萝卜是很百搭的食物，跟肉类、虾类都可以组合，口感也容易被宝宝接受，还是很好的助消化的食材。

营养小贴士

白萝卜膳食纤维的含量也比较高，有益于宝宝的肠道健康。而且白萝卜有通气润肺的作用。白萝卜粥有助消化和增强食欲的功效，与虾肉搭配营养更加丰富。

鸡毛菜土豆汤

准备好：鸡毛菜50克、土豆50克、猪肉末20克、植物油适量。

这样做：① 鸡毛菜洗净后，切碎；② 土豆去皮，洗净后切成小块；③ 在平底锅内加植物油，烧热后放入猪肉末炒散，而后放土豆块，混炒5分钟成土豆肉末盛出；④ 小汤锅内加适量清水，煮开后放土豆肉末，转小火慢煮10分钟，然后放入鸡毛菜碎，略煮即可。

面团妈妈小唠叨

妈妈也可以将鸡毛菜换成其他青菜，如小油菜、菜心等都可以。这道辅食要搭配粥或面条等主食吃哦！

营养小贴士

鸡毛菜是蔬菜中含矿物质和维生素最丰富的菜之一，它含有丰富的钙和维生素C。这道汤清淡爽口，又有营养，是一道不错的宝宝补钙汤。

本月妈妈误区

Q：宝宝吃得多、长得胖就好吗？

A：很多初为人父母者特别希望自己的宝宝能发育的比别的宝宝快，比如早长牙、早会走等，其实这是完全没有必要的，因为身体的发育是水到渠成的，只要宝宝的身体发育符合自身的生长曲线和标准就可以了。

如果宝宝生长速度过快，10个月的宝宝看着像12个月的，可能不是好事情。这种过快生长不一定是健康的标志，反而可能预示着今后出现肥胖的可能性极大，应考虑宝宝是否存在摄入蛋白质过多、进食量过多、活动量过少等问题；而有的宝宝如生长缓慢，妈妈则应考虑宝宝是否进食量不足、消化不良等。因此，这个误区妈妈要注意，定期观察自己宝宝的体重和身高才是必要的，生长速度过快或过慢都要向医生咨询，要根据生长曲线，在医生指导下调控宝宝的身体发育，调整辅食方向。

Q：宝宝出牙越早越好吗？

A：经常听见楼下陪宝宝玩耍的妈妈们比较宝宝已经长出多少颗牙了。其实，出牙并不是越早越好，相对地，出牙晚也不意味着发育差。实际上，每个宝宝长牙的历程并没有可比性。出牙起始时间不同，出牙顺序不同，出牙引起的反应不同，同龄婴儿牙齿数量也不同。宝宝出牙的顺序也没有固定模式，出牙的速度和节奏也因人而异。

因此，出牙早或晚没有可比性，若宝宝的生长指标都正常，即使出牙慢点也不必担心。妈妈只要在宝宝出牙时做好相应的辅食，缓解宝宝因为出牙而带来的不适感就可以了。我们在这一章节里也提到了缓解出牙不适的辅食菜谱，妈妈可以关注一下，做给宝宝吃。

Q：老人说宝宝的饭菜没有味道，要加点盐增加味道宝宝才会爱吃，是对的吗？

A：1岁前的宝宝，不能在他的辅食里加盐。

宝宝比较抗拒辅食，老人家会认为是食物里没加盐，味道太淡导致宝宝不喜欢吃，到底是不是这个道理呢？宝宝的味蕾比成人敏感得多，饭菜即便清汤寡水，他依旧能品出其中鲜美。不要以成人的口味来替宝宝做判断。

食盐中含有钠，钠主要通过肾脏代谢。在宝宝的肾脏发育还不健全的时候，摄入盐分过多会加重肾脏负担。即便是成人，高钠饮食也会引发诸多健康问题。帮助宝宝从小养成清淡的口味，他将终身受益。

第八章

咀嚼型辅食
（11个月，宝宝来点软饭吃吃）

.... · ....

11个月的宝宝已经有一定的咀嚼和吞咽能力。妈妈可以给宝宝做些咀嚼型食物，如碎菜或颗粒食物。此时宝宝接触的食物种类多，容易形成挑食、厌食的习惯，家长要平衡宝宝的膳食结构，保证宝宝食谱的多样性。

本月辅食指导

本月宝宝的辅食可以在粥的基础上逐渐变成稠粥或软饭的质地。宝宝站立能力越来越好。乳牙长出期间，爸爸妈妈每天要给宝宝清除牙齿上的牙斑菌、软垢等，以保持口腔清洁。11个月的宝宝，说话处于萌芽阶段，但被动语言却有了较快的发展，能够理解很多大人说的话。

11个月的宝宝，要逐渐由母乳或配方奶粉喂养为主转变到以辅食为主的喂养方式：慢慢地增加辅食量，一日饮食安排向"三餐一点两顿奶"转变，为断奶做准备，但每日饮奶量不应少于700毫升。

11个月的宝宝接受食物、消化食物的能力又增强了，食物不可太细碎，要比上个月的辅食质地再粗一些，他可以凭几颗门牙和牙床就把熟菜块、水果块嚼烂再咽下去。如果总给宝宝吃泥状食物，一方面锻炼不了他的咀嚼能力；另一方面，泥状食物有时反而不好消化。要让他们学习咀嚼，这样的咀嚼练习有利于语言的发育和吞咽功能、搅拌功能的完善，增强舌头的灵活性。

常见辅食种类

婴儿配方米粉、菜水、米汤、果汁、米糊、菜泥、果泥、肉泥、蛋黄、菜粥、肉粥、烂烂的面条、馒头、面包、鱼肉、豆腐、磨牙饼干、虾肉、肝泥、肉末、肉碎、菜碎、稠粥、软米饭、面片、小馄饨、小包子等。

妈妈怎么做

妈妈要记住，宝宝这个月的辅食要比上个月的颗粒粗大一点，让质感有所加粗，从碎末逐渐过渡到小碎块儿状的食物。这个时候的宝宝，可以吃蒸肉末、鱼丸、面条、面片、软饭等食物，但食物要做的既碎烂软嫩，又要样子好看，这样宝宝才爱吃。应该保证宝宝摄入足够的动物蛋白。书里介绍的食材克数，妈妈可以根据自己宝宝的饭量来进行调整，以便更加适合自己宝宝。

妈妈要牢记

1.11个月的婴儿以稠粥、软饭为主食，适量给宝宝吃一些新鲜的水果（要记住去皮、除核），食物中依然不能加盐或糖及其他调味品。宝宝的膳食安排要以米、面为主，同时搭配动物食品及蔬菜、水果、禽、蛋、鱼、豆制品等，在食物的搭配制作上也要多样化。

2.如果宝宝在妈妈喂食时总喜欢抢勺子的话，妈妈可以准备两把勺子，一把给宝宝；另一把自己拿着，既可以让他练习用勺子，训练他自己吃饭，也不耽误把他喂饱。

3.睡前不要让宝宝吃得过饱，不要让他玩得太兴奋，也不要抱着或摇晃着哄他睡，要让宝宝养成良好的自然入睡的习惯。

宝宝本月发育指标

11个月	体重（千克）	身高（厘米）	头围（厘米）
男宝宝	10.35±1.05	75.3±2.2	46.0±1.2
女宝宝	9.82±0.90	73.7±2.2	45.2±1.4

本月宝宝会这些了

11个月大的宝宝，大多数已经能够自己拉着东西（如小床的栏杆、妈妈的手等）站起来了。发育快的宝宝，能什么也不扶地独自站立十几分钟。宝宝手的功能更加灵活，有的能把较轻的门推开和关上，也能拉开抽屉了。

本月宝宝的小牙

11个月的宝宝一般长出4～6颗乳牙。宝宝出牙的时间因人不同而有些差异，但一般是正中切牙6~8个月萌出，侧切牙8~12个月萌出，第一乳磨牙12~14个月萌出，尖牙15~20个月萌出，第二乳磨牙20~40个月萌出。

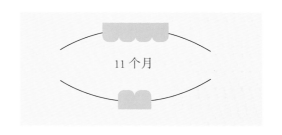

11 个月

豆腐软饭

扫码观看视频

准备好：大米100克、豆腐50克、青菜30克、炖肉汤（鱼汤、鸡汤、排骨汤均可）适量。

这样做：①将大米浸泡30分钟；②将大米淘洗干净，放入电饭煲中，水和米的比例为1∶1.5，煮成软米饭；③将蒸好的米饭放入小汤锅内，加入肉汤一起煮；④将青菜洗净、切碎，豆腐放入沸水中焯一下并切成小块，米饭煮软后加豆腐和青菜碎，稍煮即可。

面团妈妈小唠叨

　　软软的饭怎么掌握火候，就是要比粥要稠，而且要稍微硬一点，符合宝宝的生长发育和小牙发育，以及咀嚼能力训练的需求。青菜可以随意选择，豆腐要选韧豆腐或北豆腐。

营养小贴士

　　软米饭在辅食添加后期是很重要的。它软硬适中，能很好地训练宝宝的咀嚼能力，并且是宝宝从米粥到成人饮食的过渡主食。

肉末软饭

准备好：大米100 克、猪瘦肉末50 克、芹菜30 克、植物油适量。

这样做：① 将大米浸泡30分钟后，淘洗干净，放入电饭煲中，水和米的比例为1∶1.5，煮成软米饭；② 将芹菜洗净，切成末；③ 将油倒入锅内，放入肉末炒散，加入芹菜末煸炒至断生，放入软米饭，混合后稍焖一下，煮软出锅即可。

面团妈妈小唠叨

将大米淘好后应泡30分钟。如果妈妈想给宝宝加一些粗粮的话，每种米浸泡的时间都不一样：如果有黑米，要浸泡1小时；绿豆、红豆、黑豆和糙米要浸泡1夜。

营养小贴士

咀嚼对宝宝至关重要。咀嚼对牙齿是一种锻炼，可使牙齿自洁，减少牙菌斑、蛀牙、牙周病等的发生率。如果宝宝咀嚼功能低下，会使牙齿软弱，甚至导致贫血、智力发育迟缓，还容易造成运动失衡等。因此，软软的干饭是很好的锻炼咀嚼力的辅食。

扫码观看视频

西蓝花鸡肉沙拉

准备好：鸡肉30克、西蓝花1朵、熟鸡蛋黄1个、原味酸奶1杯。

这样做：① 将鸡肉、西蓝花分别洗净，切成小块；② 将鸡肉和西蓝花放入锅中煮熟、捞出后切碎，鸡蛋黄切碎；③ 将上述三种材料混在一起，加入原味酸奶拌匀即可。

面团妈妈小唠叨

　　建议妈妈用原味酸奶调制沙拉，不要用沙拉酱。这款沙拉里还可以加入牛油果碎，味道更加好哦！鸡肉也可换成熟的三文鱼、虾肉等。每周给宝宝吃2～3次鸡肉即可，混合米粉、粥、面条等主食食用。

营养小贴士

　　鸡肉富含蛋白质、脂肪、氨基酸、维生素及钙、镁、磷、钾等人体必需的营养元素。鸡肉的维生素A含量高。鸡肉是最早可作为辅食添加的肉类之一。

扫码观看视频

鱼香饭团

准备好：净鱼肉80克、软米饭1小碗、海苔2片。

这样做：① 将净鱼肉放入小汤锅中煮熟，捞出后切碎；② 将煮熟的鱼肉碎包在米饭中，而后揉成小圆球或是用模具做成好看的造型；③ 将海苔搓碎后撒在饭团上即可。

面团妈妈小唠叨

　　软米饭按照之前讲过的方法焖好，稍微晾凉再制作。饭团里可以包很多食材，如蛋黄碎、鸡肉碎、蔬菜碎等。妈妈可以根据自己的喜好搭配。

营养小贴士

　　这个时期的咀嚼力锻炼是很重要的，软软的饭是很好的选择。在此基础上，可以混搭一些蛋白质含量高的肉类，也可以加入蔬菜等。妈妈可以根据宝宝的特点，循序渐进地锻炼他的咀嚼能力。

红枣软饭

准备好： 红枣3枚、大米100克、婴儿配方奶适量。

这样做： ① 红枣洗净，上笼蒸熟后，去皮、核，剁成泥；② 将大米浸泡30分钟后，淘洗干净，放入电饭煲中，加入水和婴儿配方奶，其量与米的比例为1.5∶1，煮成软米饭；③ 米饭中拌入枣泥，再焖2～3分钟即可。

面团妈妈小唠叨

　　红枣在制作时一定要记得去皮，去皮后再剁成泥。红枣皮宝宝还不能吞咽，会有卡喉的危险，故而提醒妈妈注意。

营养小贴士

　　红枣中含有糖类、蛋白质、脂肪、有机酸等，对宝宝的大脑有补益作用。

扁豆香菇豆腐饭

准备好：扁豆3～4根、香菇2朵、韧豆腐1片、软米饭适量。

这样做：① 扁豆摘去头尾和两侧的筋，切成薄片或碎末；② 香菇洗净后，去蒂，切成碎末；③ 扁豆和香菇上锅蒸15分钟，韧豆腐在小汤锅中煮熟；④ 锅里倒少量油烧热，放入韧豆腐翻炒并压碎；⑤ 倒入蒸好的扁豆碎和香菇搅拌翻炒，再和软米饭拌匀即可。

面团妈妈小唠叨

对于咀嚼能力不是很好的宝宝，妈妈也可以用搅拌机稍微搅打一下扁豆再蒸。

营养小贴士

扁豆是杂粮的一种，和赤小豆、干豌豆等的营养价值接近。扁豆的营养成分相当丰富，包括蛋白质、脂肪、糖类、钙、磷、铁及食物纤维、β-胡萝卜素、维生素B$_1$、维生素B$_2$、维生素C和氰苷、酪氨酸酶等。扁豆衣的B族维生素含量特别丰富。

山药鸡茸粥

准备好： 山药30克、大米50克、鸡胸肉10克。

这样做： ① 将大米淘洗干净，放到冷水里泡2个小时左右；② 将鸡胸肉洗净，剁成极细的茸，放到锅里蒸熟；③ 将山药去皮洗净，放入沸水锅里汆烫一下，切成碎末备用；④ 将大米和水一起倒入锅里，加入山药末与鸡茸煮成稠粥即可。

面团妈妈小唠叨

山药去皮时如果黏液碰到手上会有痒痒的感觉，妈妈可以戴着手套操作，也可以将山药洗净后先蒸而后再去皮，会简单、方便很多。

营养小贴士

山药含有钙、磷、糖类、维生素及皂苷等，有辅助健脾、补肺、固肾的滋养功效，对平时脾胃虚弱、免疫力低下的宝宝适用。

准备好：黄鱼100克、玉米粒50克、鸡蛋黄1个、植物油5毫升、淀粉5克。

这样做：① 玉米粒用搅拌机打成玉米浆备用；② 黄鱼去皮、去刺，切成鱼肉丝，洗干净后沥干水分；③ 鸡蛋黄打散，与淀粉一起和鱼肉丝混合抓拌均匀，腌制5分钟；④ 炒锅中的油烧至五成热，放入腌好的鱼肉丝滑炒至熟盛出；⑤ 将玉米浆放入小汤锅内；⑥ 大火煮沸玉米浆，放入滑炒好的鱼肉丝，再次煮沸即可。

扫码观看视频

面团妈妈小唠叨

挑选黄鱼时妈妈注意观察：优质黄鱼体表呈金黄色，有光泽，鳞片完整，眼球饱满突出。

营养小贴士

玉米是杂粮，不仅含有丰富的碳水化合物，还含有较多纤维素、β－胡萝卜素、B族维生素和多种无机盐，钙、铁含量也较高，打成浆后更适合宝宝消化和吸收。

扫码观看视频

鲜肝薯羹

准备好：土豆30克、大米50克、鸡肝10克。

这样做：①鸡肝用流动的水冲洗干净，放入小汤锅中煮熟，捞出；②土豆清洗干净，去皮，放入小汤锅中煮至熟软；③将土豆和鸡肝切成小块状；④大米淘洗干净后，加入适量清水煮沸，转小火煮成米粥；⑤放入所有食材，转小火煮，搅拌均匀，关火即可。

面团妈妈小唠叨

食品营养专家指出，动物的肝脏都富含铁和多种维生素，如果要给宝宝补充铁或维生素A，鸡、鸭、牛、羊的肝脏均可，无须拘泥于猪肝。对宝宝来说，鸡肝质地细腻，口感更好。

营养小贴士

鸡肝中维生素A的含量远远超过奶、蛋、肉、鱼等食品，具有维持宝宝正常生长，促进生长发育的作用，还能保护眼睛。

准备好：鸡蛋黄1个、小南瓜1/3个、配方奶50毫升。

这样做：①把南瓜洗净后切块，入蒸锅蒸熟；②鸡蛋黄打散备用；③蒸好后的南瓜去掉南瓜瓤，取出南瓜肉，用勺子把南瓜压成泥；④将南瓜泥和鸡蛋液混合在一起，加入泡好的配方奶；⑤将混合物放入蒸锅中隔水蒸8～12分钟即可。

扫码观看视频

面团妈妈小唠叨

南瓜的颜色加上配方奶的香味，宝宝会很爱这道辅食。提醒妈妈：在制作时加入的配方奶应是温的，太热会把鸡蛋黄冲散。

营养小贴士

秋天气候干燥，许多宝宝会出现不同程度的嘴唇干裂、鼻腔流血及皮肤干燥等症状。专家建议，给宝宝增加含有丰富维生素A、维生素E的食品，可使儿童机体免疫力提高，对改善秋燥症状大有好处。

娃娃菜小虾丸

准备好： 鲜虾5只、娃娃菜2片、淀粉2克。

这样做： ① 将虾洗净，剥壳，去除沙线；② 将虾剁碎成泥（保留一些颗粒感）；③ 把娃娃菜洗净，切碎；④ 将菜碎与虾泥混合，再加入2克淀粉和2毫升水；⑤ 将上述材料搅拌均匀；⑥ 将混合后的材料搓成小丸子，入蒸锅隔水蒸熟即可。

扫码观看视频

面团妈妈小唠叨

妈妈也可以将虾丸放入温水中煮熟，蒸和煮都可以制作这道菜。蔬菜也可以换成别的，但最好不要用芹菜等纤维比较粗的蔬菜，会影响口感，选用大叶片的菜比较好。这道菜做好后拌在软饭或面条中作为一顿辅食很合适。

营养小贴士

娃娃菜性平，味甘，可辅助治疗肺热咳嗽、便秘，能辅助清除体内代谢产物和多余的水分，也可促进血液和水分新陈代谢，有利尿作用。

豆腐牛油果饭

① ② ③ ④ ⑤ ⑥

扫码观看视频

准备好：牛油果1/2个、韧豆腐50克、大米100克、肉汤适量。

这样做：①将大米浸泡30分钟后，淘洗干净，放入电饭煲中，煮成软米饭；②将牛油果去皮，果肉切碎；③韧豆腐洗净，切成小块；④将韧豆腐在小汤锅中煮熟；⑤将韧豆腐和果肉拌匀；⑥将软米饭和煮熟的豆腐块、牛油果块与适量肉汤拌匀即可。

面团妈妈小唠叨

妈妈可以在这款辅食里加入蔬菜汤或肉汤（排骨汤、鸡汤都可以），将软米饭拌到适合宝宝食用的黏稠度即可。豆腐和牛油果的口感都很柔和，很适合宝宝吃。

营养小贴士

豆腐营养丰富，含有铁、钙、磷、镁等人体必需的多种元素，还含有糖类、植物油和丰富的优质蛋白质，素有"植物肉"的美称。

番茄鸡蛋小饼

扫码观看视频

准备好：面粉50克、番茄1个、鸡蛋黄1个、植物油适量。

这样做：① 番茄在清水中洗净，去皮、蒂，切碎，鸡蛋黄搅打成蛋黄液；② 在蛋黄液中加入适量水、面粉，搅拌均匀，再加入番茄碎，搅拌均匀成番茄蛋糊；③ 锅置火上，放少许植物油烧热，倒入搅好的番茄鸡蛋面糊，煎至两面呈金黄色即可。

面团妈妈小唠叨

番茄一定要记得去皮后使用。现在宝宝还是只能吃蛋黄哦！

营养小贴士

在炎热的夏天，番茄是宝宝可以吃的"防晒单品"哦！这是因为番茄富含抗氧化剂番茄红素。有研究称：每天摄入16毫克番茄红素，有可能使晒伤的危险系数下降40%。

①

②

扫码观看视频

杂蔬烩饭

准备好：西蓝花 2朵、胡萝卜1/2根、玉米粒20克、猪肉30克、香菇1朵、软米饭适量、植物油适量。

这样做：① 西蓝花、玉米粒、猪肉、香菇洗净后均切碎，胡萝卜洗净后去皮、切成碎块；② 锅中倒入适量的植物油，放入肉碎，煸炒后放入所有蔬菜碎，在煸炒均匀后加入清水适量，再加入煮好的软米饭，收汁即可。

面团妈妈小唠叨

这款烩饭颜色很丰富，营养也很丰富。里面的蔬菜妈妈可以随意替换，肉可以换成鸡肉、牛肉等。妈妈也可以在收汁时淋入少许鸡蛋黄液，这样营养更加丰富。

营养小贴士

这款烩饭包含多种营养，蛋白质、维生素、钙、脂类都包含了，宝宝所需的热量也不少，不仅可以提高宝宝的免疫力，还可以很好地促进乳牙的发育。

银鱼虾仁粥

准备好：小银鱼30克、虾3只、大米50克。

这样做：① 银鱼洗净后切碎，将虾洗净、剥壳、去除沙线、剁碎；② 大米洗净后用清水浸泡30分钟，加入适量清水煮沸，转小火煮成米粥；③ 放入所有食材，转小火煮至软烂即可。

面团妈妈小唠叨

冰鲜银鱼或化冻后的银鱼呈自然弯曲状，体表色泽呈自然色。如果银鱼表面特别光亮，形体呈直线状，妈妈要注意可能是用甲醛浸泡过的，不要买。

营养小贴士

银鱼尤其适宜体质虚弱、营养不足、消化不良者食用，是极富钙质、蛋白质且低脂肪的鱼类。银鱼中还含有镁，能够维护宝宝骨骼健康和神经系统功能，还可以增强宝宝的免疫功能。

白萝卜豆腐肉圆汤

扫码观看视频

准备好：白萝卜50克、肉馅50克、豆腐50克、香油适量。

这样做：① 白萝卜洗净后去皮，切成细细的丝；② 豆腐切碎后和肉馅混合拌匀成豆腐肉馅；③ 将切好的白萝卜丝放小锅里，直接加凉水煮；④ 用手把豆腐圆子一个个均匀地挤好放在萝卜丝表面，调中火煮8分钟左右，滴2滴香油，就可以出锅了。

面团妈妈小唠叨

打底的白萝卜一定要用凉水煮，不然圆子容易散。妈妈们注意：豆腐一定要切得很碎，不然捏圆子的时候也容易散；肉馅要自己剁，不能用市场上售卖的馅。

营养小贴士

白萝卜有辅助增进食欲、帮助消化、止咳化痰、除燥生津的作用，此外，还对抗病毒有帮助。它含有丰富的蛋白质、碳水化合物及其他各种维生素、酶、木质素、芥子油等。

番茄肉末蛋羹烩饭

扫码观看视频

准备好：番茄1个、鸡蛋黄1个、猪肉50克、软米饭适量、高汤适量、植物油适量。

这样做：① 番茄洗净后去皮、切碎，将猪肉剁成肉馅，鸡蛋黄打散成蛋液；② 锅中放油，放入肉末、番茄炒香，加入高汤，倒入蛋液搅拌均匀；③ 将锅中食材浇在热腾腾的软饭上，拌匀即可。

面团妈妈小唠叨

熟番茄营养价值较生番茄高，因为加热的番茄中番茄红素和其他抗氧化剂明显增多，对有害的自由基有抑制作用。

营养小贴士

番茄中的β－胡萝卜素可保护皮肤弹性，促进骨骼钙化，辅助防治小儿佝偻病、夜盲症和眼干燥症。

鸡蛋牛油果小饼

扫码观看视频

准备好：牛油果1/2个、面包片1片、鸡蛋黄1个、食用油适量。

这样做：① 将熟透的牛油果去皮、去核，压成泥；② 面包片切碎，鸡蛋黄打散成蛋液；③ 将牛油果泥、蛋液和面包碎混合；④ 在平底锅中加一点点油，加一勺混合好的牛油果面包蛋液，摊成小饼即可。

面团妈妈小唠叨

对于面包片，妈妈可以选择全麦的面包片或白面包片。这款小饼改进了以往加面粉的制作方法，用面包代替，因此，对于职场妈妈来说，制作这么一款辅食节省不少时间。妈妈要鼓励宝宝自己抓着吃哦！

营养小贴士

牛油果的营养价值很高，具有高蛋白、高能量和低糖分的特点，吃起来方便，好消化，对促进宝宝生长发育有帮助。

本月妈妈误区

Q：用微波炉加热、制作辅食对宝宝有危害？

A：目前对用微波炉加热、制作辅食还存在一定争议。一般认为，市售的瓶装加工婴儿辅食可以按照产品说明书用微波炉加热，必要时可打开瓶盖或者倒出辅食隔水加热等。

微波炉同普通加热方式一样，对于某些维生素如维生素C、B族维生素等都会有一定的破坏，因此，通常建议蔬菜类辅食以短时间开水焯熟为宜，其他辅食以蒸、煮、炖等常规加热方式为佳，但没有严格禁止用微波炉加热辅食。用微波炉加热辅食对于忙碌的职场妈妈是个不错的便捷的选择，不用因为恐慌而放弃。

Q：芹菜、肉块等食物太硬不能给宝宝吃，会损害小乳牙？

A：宝宝9个月以后就要让其吃一些粗糙的小块食物，1岁左右，要让宝宝吃一些段状的食物，还有一些软软的干饭，对其咀嚼功能和吞咽功能有好处。

家长如果始终让宝宝吃细软的食物，宝宝的咀嚼肌得不到锻炼，等过了1岁，有了自主意识后，他就会拒绝吃需要费力嚼的食物。而咽部得不到锻炼，有的宝宝就会表现为嘴里含着东西不咽，有的宝宝则一吃粗糙的东西就恶心想吐。对于吃太硬的食物会损害小乳牙，就是妈妈过分担心了。宝宝在长牙期间，家长千万别给宝宝只吃流质食物，而是应该多让他吃些硬食。这样既可以锻炼宝宝咀嚼的动作，还能够使他的牙齿变得坚韧，牙列更齐整，并能够减轻长牙时的不适。

从宝宝开始吃辅食起，家长朋友就应该注意营养的供给，除了流质食物以外，还应该为宝宝添加粗纤维的泥糊状食物。与此同时，还要让宝宝多多练习吃的动作，为吃固体食物做准备。等到宝宝满1岁，逐步添加固体食物。

Q：添加辅食后还要额外补钙，以便让宝宝不缺钙？

A：这个说法有一些偏差，对于母乳、婴儿配方奶粉、婴儿配方米粉及我们平时精心给宝宝添加的辅食，已经可以满足他生长发育所需要的钙，不用考虑额外补钙了。6个月到1岁的宝宝，每日的饮奶量要在600~800毫升，只要保证了这个奶量就不用担心宝宝缺钙。

第九章

牙齿初长成
之软烂型辅食
（1岁了，来点有质感的
食物，宝宝能吃全蛋啦！）

.... · ....

　　1岁宝宝的饭菜已经不是辅食了，从这个月起，辅食将正式成为主食。大多数宝宝可以吃的食物类型和其他家庭成员一样，让宝宝和大家一起坐在餐桌旁用餐吧，既给宝宝学习的机会，又能增加乐趣。但是妈妈仍然要注意喂给他适合的食物。

本月辅食指导

　　1岁的宝宝，有的时候也可以跟爸爸妈妈及其他家庭成员一起吃饭了。这个时期的宝宝，消化吸收能力显著加强。宝宝1岁以后的饮食要从以奶类为主逐步过渡到以谷类食物为主食，应增加蛋、肉、鱼、豆制品、蔬菜等食物的种类和数量。饭菜里可以加一点点盐了，可以吃全蛋了，是1岁宝宝饮食的特点。

　　这一阶段如果不重视合理营养，往往会导致宝宝体重不达标，甚至发生营养不良。虽然这一阶段宝宝已经开始学会自己吃饭，辅食也逐渐成为主食，但仍不宜吃成人的饭菜。因为成人饭菜的形状、大小还是和宝宝的不同，所以妈妈要单独制作。

常见辅食种类

　　婴儿配方米粉、菜水、米汤、果汁、米糊、菜泥、果泥、肉泥、蛋黄、菜粥、肉粥、烂烂的面条、馒头、面包、鱼肉、豆腐、磨牙饼干、虾肉、肝泥、肉碎、菜碎、稠粥、软米饭、面片、小馄饨、小包子、全蛋等。

妈妈怎么做

　　妈妈要注重培养宝宝规律的饮食习惯，给宝宝用餐要按时、按点。这个时期宝宝需要充分的营养，少了正餐或点心都会导致血糖降低，进而导致宝宝情绪不稳定。在宝宝学步期间，由于活动量增大，体力消耗多，所以就饿得快，妈妈要及时给宝宝补充热量。

　　宝宝的饭菜还是要单独制作，不能吃成人饭菜，培养宝宝淡口味饮食。妈妈可以把宝宝的饭菜做得花样和色彩丰富一些，并营造愉快的进餐氛围。

妈妈要牢记

　　1岁的宝宝也要保证每日奶的摄入量不要少于600毫升。妈妈需要改变每日饭菜的花样，培养宝宝良好的饮食习惯。这个月龄的宝宝勺子还用得不大好，妈妈要鼓励宝宝自己用勺子吃饭，多加训练。

　　此期宝宝几乎可以吃所有有形状的食物了，也可以加一点盐了。虽然食物种类增加，但依旧需要保证食物中的膳食平衡：谷物2种以上，蔬菜2种以上，水果1～2种，蛋类1种，豆制品1种。进食的种类要丰富，颜色也要丰富。有的宝宝有吃零食的习惯，妈妈要控制宝宝吃零食，少给他吃甜食，睡觉前要帮助宝宝刷牙。

宝宝本月发育指标

12个月（1岁）	体重（千克）	身高（厘米）	头围（厘米）
男宝宝	10.69±1.11	76.2±2.5	46.7±1.2
女宝宝	10.29±0.99	74.6±2.4	45.6±1.4

本月宝宝会这些了

本月越来越多的宝宝开始学会走路，而一些宝宝仍只会爬。有的宝宝已经会叫"妈妈"，而有些宝宝仍没有开口的意思。不用着急，每个宝宝的生长发育都有自己的规律，不必急于求成。

有的宝宝已经可以自己走路了，尽管还不太稳，但对走路的兴趣却很浓。

宝宝开始更频繁地使用某一只手，可能是左手，也可能是右手，不必强行纠正他（她），顺其自然，让宝宝的左右大脑都得到锻炼。有的宝宝还喜欢将东西摆好后再推倒，喜欢将抽屉或垃圾箱倒空，喜欢模仿大人把拧得不紧的瓶盖拧开，能够模仿其他人的动作，能用手势表达自己想要什么……

本月宝宝的小牙

宝宝长出6～8颗乳牙。

宝宝出生时，口腔内没有牙齿，出生后约6个月，下颌中切牙开始萌出，直到3岁左右，乳牙全部萌出。宝宝出生后1年内（1.5～11个月），所有乳牙釉质矿化完成。

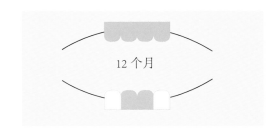

12个月

鸡蛋肉卷

① ② ③ ④

扫码观看视频

准备好：鸡蛋1个、鸡脯肉30克、娃娃菜20克、食用油适量、盐适量。

这样做：① 将鸡脯肉在清水中洗净并去掉筋膜，娃娃菜洗净，将二者切成碎末；② 锅内倒入少许植物油，油热后，把鸡肉末和菜末放入锅内炒，并放入少许盐，炒熟后倒出；③ 将鸡蛋调匀，平底锅内放少许油，将鸡蛋倒入摊成圆片状，待鸡蛋半熟时，将炒好的鸡肉末和菜末放在鸡蛋片内；④ 将鸡蛋片卷成长条，切成小段即可。

面团妈妈小唠叨

作为馅料的肉，妈妈也可以自己变换，比如羊肉+西葫芦、牛肉+胡萝卜、猪肉+芹菜都是非常健康、美味的馅料哦！宝宝可以吃全蛋了，妈妈在制作时不用去除蛋清啦！

营养小贴士

鸡蛋中所含的蛋白质是自然界最优良的蛋白质，对肝脏组织损伤有辅助修复作用。同时，鸡蛋富含DHA和卵磷脂、维生素B_2，对神经系统和身体发育有利，能健脑益智，提高宝宝的记忆力。

丝瓜烩双菇

扫码观看视频

准备好：鲜口蘑2朵、香菇50克、丝瓜1/2根、食用油适量、盐适量。

这样做：① 将丝瓜去皮，在清水中洗净后，切成小块；② 将鲜口蘑和香菇洗净，去蒂，在水里浸泡片刻后，都切成小丁；③ 锅中倒入适量植物油，放入口蘑丁、香菇丁与丝瓜块煸炒；④ 锅内加入适量清水，用大火炖约5分钟，出锅前加入盐调味即可。

面团妈妈小唠叨

杏鲍菇、蟹味菇、平菇等都可以制作这道菜，妈妈可以自己搭配。

营养小贴士

丝瓜营养丰富，对消夏、下火、祛痱、化痰止咳有一定的作用。但由于丝瓜性寒凉，宝宝不宜进食过多。宝宝因饮食上火或感冒咳嗽等导致痰多，可饮丝瓜汤下火祛痰。

珍珠汤

准备好： 面粉40克、鸡蛋1个、虾仁10克、菠菜20克、高汤200克、香油适量、盐适量。

这样做： ① 将鸡蛋磕破，取鸡蛋清与面粉和成稍硬的面团，揉匀后，擀成薄皮，切成小丁，再搓成小球；② 虾仁洗净；③ 菠菜择洗干净，用开水烫一下；④ 将虾仁切成小丁，菠菜切末；⑤ 将高汤放入小汤锅内，放入虾仁丁；⑥ 水烧开后加入面疙瘩，煮熟；⑦ 淋入鸡蛋黄液，加菠菜末，淋入香油，放盐适量，盛在小碗内，即可。

面团妈妈小唠叨

妈妈注意面疙瘩一定要小一点，有利于煮熟和宝宝的消化吸收。搭配的蔬菜也可以换成番茄或其他绿色蔬菜。也可以用肉末和鱼肉制作这道菜。

营养小贴士

珍珠汤的颜色和形状都会吸引宝宝，是不错的辅食。而且这道辅食里面有蛋白质、维生素和宝宝所需的碳水化合物，营养搭配很丰富。

扫码观看视频

虾仁花蛤蒸蛋羹

准备好：虾仁3个、花蛤5个、鸡蛋1个、香油适量、盐适量。

这样做：① 将虾仁洗净后，切丁；② 花蛤洗净，在盐水中浸泡，待其吐沙后，用开水烫，使壳打开，取肉切成丁；③ 将鸡蛋打散成蛋液，加入少许盐、虾仁丁和花蛤丁，加温水，隔水蒸至结膏后即可，食用时淋上香油。

面团妈妈小唠叨

一般花蛤都被放在超市的水产区，一盆盆放着，我们先要看颜色，选贝壳有光泽的。妈妈注意要选半吐出"舌头"的，而且一碰就缩进去的花蛤，这种才是活着的，新鲜，肉质鲜美。关于花蛤吐沙：要在盐水中泡1~2小时，花蛤的泥沙才可以基本吐净。

营养小贴士

蛤蜊中含有大量的蛋白质和脂肪、碳水化合物，以及丰富的铁、钙、锌、磷和碘等元素，还含有丰富的维生素、氨基酸和牛磺酸等营养成分，这些物质对于身体是非常有好处的，对于宝宝能够起到补益的作用。此蛋羹可作为宝宝的补锌菜肴。

扫码观看视频

奶酪蛋饺

准备好： 鸡蛋1个、奶酪片1片、盐适量、植物油适量。

这样做： ① 将鸡蛋打散，加少许盐搅拌均匀备用；② 在平底锅内倒入少许油（油少到不能有流动感）并加热，在锅内倒入鸡蛋液，转动锅子，使其成为一个圆形；③ 趁蛋液表面尚未完全熟透时，放入奶酪片，快速将蛋饼对折成蛋饺形状；④ 将蛋饺翻面，煎至两面金黄色即可。

面团妈妈小唠叨

宝宝1岁了，可以吃奶酪了，妈妈可以给宝宝直接吃也可以放到辅食里。在选择奶酪时，尽量选钠含量低的，应不超过100毫克。

营养小贴士

奶酪蛋饺作为宝宝的早餐，不仅简单好做，味道香浓，还非常有营养。对于长身体、快速发育时期的宝宝，鸡蛋是他们成长过程中不可缺少的食品，而且有利于智力发育。

黄鱼小馅饼

扫码观看视频

准备好：净黄鱼肉50克、鸡蛋1个、牛奶50克、洋葱25克、植物油适量、淀粉适量、盐适量。

这样做：① 将黄鱼肉洗净、剁成泥，洋葱去皮、洗净、切碎；② 将鱼泥放入碗内，加入洋葱碎、鸡蛋、牛奶、盐、淀粉，搅成稠糊状；③ 将平底锅置火上，倒入植物油，舀一勺鱼肉糊放入锅内，煎至两面呈金黄色，即可。

面团妈妈小唠叨

妈妈要注意，鱼饼中要加些谷物（小米面、玉米面）或淀粉，否则，煎时鱼饼易碎。牛奶可以选用配方奶粉或鲜奶。紫皮洋葱有点辣味，妈妈可以用黄皮洋葱制作。

营养小贴士

黄鱼是一种海鱼，肉如蒜瓣，刺少。黄鱼味甘，性平，能健脾益气，开胃消食，很适合宝宝吃。

糙米蔬菜鸡肉饭

扫码观看视频

准备好：糙米饭适量、鸡蛋1个、青菜30克、彩椒20克、鸡胸肉50克、洋葱20克、植物油适量、盐适量、白芝麻适量。

这样做：① 将鸡蛋打散，倒入蒸好的软糙米饭中；② 青菜、彩椒、洋葱洗净后均切成碎丁，鸡胸肉洗净、去除筋膜并切成小丁；③ 锅中放入适量的油，油热后加入鸡胸肉丁略炒至变色；④ 锅内加入糙米饭，翻炒至米粒松散；⑤ 锅内再倒入其余蔬菜碎丁，加盐调味，一同炒至熟，最后撒上白芝麻即可。

面团妈妈小唠叨

这款鸡肉饭颜色很好看，食材丰富。妈妈也可以把炒好的饭放入饭团模具中，做成可爱的饭团给宝宝吃。所有的蔬菜妈妈都可以自己搭配，鸡胸肉也可以换成虾仁哦！

营养小贴士

糙米，属谷类，含有丰富的营养素，如蛋白质、氨基酸、维生素、膳食纤维、矿物质等。糙米还富含磷和钙质，可以促进宝宝骨骼和牙齿的健康发育。

蔬菜小杂炒

扫码观看视频

准备好：土豆15克、蘑菇15克、胡萝卜15克、水发黑木耳15克、山药15克、植物油适量、盐适量、香油适量、水淀粉适量、骨头汤适量。

这样做：① 土豆、蘑菇、胡萝卜、水发黑木耳、山药均洗净后切成1厘米左右厚的小薄片；② 油烧热后，锅内放入胡萝卜片、土豆片和山药片煸炒片刻；③ 锅内放入适量骨头汤，转小火焖10分钟；④ 锅内再加入蘑菇片和黑木耳片一同焖至熟烂，用水淀粉勾芡，加盐，淋香油即可。

面团妈妈小唠叨

宝宝1岁了，接受的食材越来越多，妈妈可以做一些蔬菜烩之类的菜肴，用多种蔬菜搭配。宝宝的饮食要注重食物多样化，不能把单一食物吃很久，否则，日后很容易偏食、挑食。

营养小贴士

各种蔬菜搭配组合，互作补充，营养也会更全面；缤纷的色彩也可以提高宝宝的食欲。

番茄肉酱面

准备好：猪后腿肉50克、番茄1个、宽面条1小把、植物油适量、盐适量。

这样做：① 猪后腿肉洗净后切碎，番茄洗净后去皮、切碎；② 锅内放油，放入肉碎炒香，加番茄碎一起炒匀，加盐调味；③ 面条在小汤锅中煮熟；④ 将面条捞出，拌入炒好的番茄肉碎酱即可。

扫码观看视频

面团妈妈小唠叨

　　妈妈也可以选择细面条，可以尝试不像以前那样把面条掰成小段煮了。宝宝又长大了一些，我们可以尝试煮整根的面条，让他自己使用儿童餐具吃哦！

营养小贴士

　　吞咽和咀嚼是一项技能，需要后天的训练才能获得。宝宝的吞咽和咀嚼功能需要锻炼，从而逐渐完善。选择面条作为宝宝的锻炼食物是非常合适的。

虾仁豆腐蒸水蛋

准备好： 内酯豆腐1/3盒、鸡蛋1个、虾仁5个、香油适量、盐适量、淀粉适量。

这样做： ① 内酯豆腐切小块，鸡蛋打成蛋液；② 虾仁洗净后，沥干水分，切成小丁，加入一点点淀粉拌均匀，备用；③ 将蛋液加2倍的水稀释，并加盐，再用过滤网过滤，隔离出多余的气泡后将蛋液倒在豆腐块上，而后加上虾仁碎；④ 碗口包上保鲜膜，放入蒸锅，中火蒸8～10分钟，吃之前淋入香油即可。

面团妈妈小唠叨

妈妈要记住，1个鸡蛋，需要加入2倍于蛋液的水量；最好用过滤网过滤蛋液，隔出气泡；用保鲜膜包住碗口，用中火蒸，别用大火哦。

营养小贴士

虾仁和豆腐都含有丰富的钙质，能促进宝宝骨骼和牙齿健康生长。

蒸三丝

准备好： 胡萝卜、土豆、嫩芹菜叶、面粉、植物油、香油各适量。

这样做： ① 将胡萝卜、土豆分别洗净、去皮，用擦丝器擦成均匀的细丝；② 土豆丝放在水中浸泡，洗去多余的淀粉，捞出控水，撒上少许植物油，拌上干面粉；③ 胡萝卜丝撒上少许植物油，均匀拌上干面粉；④ 芹菜叶洗净、切碎、晾干，撒上少许植物油，均匀拌上干面粉；⑤ 把三样食材分别放入蒸锅里蒸5分钟左右即可；⑥ 蒸好后，取出三丝放到菜盆内，放入适量香油拌匀即可食用。

面团妈妈小唠叨

蒸三丝所需的油少，且尽可能多地保留了食物的原汁原味和营养，非常有利于宝宝的消化吸收。蒸菜的食材种类选择多，最好选择颜色好看的，这样宝宝会有食欲，也可依据宝宝喜好来选。

营养小贴士

这样蒸出来的蔬菜营养流失少，而且不油腻，很适合小宝宝食用，也符合健康饮食的要求。

扫码观看视频

双色蔬菜鸡蛋羹

准备好：油菜50克、胡萝卜15克、鸡蛋1个、高汤适量、香油适量、盐适量。

这样做：①油菜取嫩叶片洗净、切碎备用，胡萝卜洗净后削去皮、切大块备用；②胡萝卜块加入沸水中焯透，捞出放凉后切成碎丁；③鸡蛋打散，加入高汤和油菜碎，用盐调味；④将混匀的蛋液放入锅中蒸熟后取出；⑤将备好的胡萝卜丁放于鸡蛋羹上，淋入少许香油即可。

面团妈妈小唠叨

蔬菜蒸蛋对于选什么蔬菜制作，要求并不高，两种颜色不一样的蔬菜就可以，如彩椒、圆白菜、紫甘蓝等都可以选择。

营养小贴士

这道菜品中所含的矿物质能够促进骨骼的发育，加速人体的新陈代谢和增强机体的造血功能；胡萝卜素、烟酸等营养成分，也是维持生命活动的重要物质，很适合作为宝宝的早餐吃哦！

鸡肉炒双蔬

准备好： 鸡肉100克、番茄1/2个、青椒1/2个、植物油适量、盐适量。

这样做： ①鸡肉洗净，沥水，切成细丝；②番茄洗净，去蒂、皮，切成小块；③青椒去蒂、籽，洗净，切成细丝；④锅中倒入适量植物油，放入青椒丝、番茄块，翻炒均匀后放入鸡肉丝；⑤待番茄出汤后，盖上锅盖小火焖3分钟，炒匀，加盐调味即可。

面团妈妈小唠叨

　　细细的鸡肉丝，容易消化吸收，这个月龄的宝宝，可以尝试着慢慢咀嚼。这是锻炼宝宝咀嚼能力的一道不错的辅食。对于青椒，妈妈也可以为了好看换成黄色或红色的彩椒哦！

营养小贴士

　　青椒具有消除疲劳的的重要作用，而且青椒中还含有能促进维生素C吸收的维生素P，维生素P能强健毛细血管。青椒与营养丰富、消化率高的鸡肉搭配，有增强体力、强壮身体的作用，能促进宝宝的生长发育，也很适合宝宝的肠胃。

清蒸豆腐丸子

扫码观看视频

准备好：豆腐50克、鸡蛋1个、胡萝卜1/2根、葱适量、香油适量、盐适量。

这样做：① 把豆腐压成豆腐泥，鸡蛋打到碗里，搅拌均匀；② 胡萝卜洗净、去皮、切成末；③ 将蛋液混入豆腐泥，加胡萝卜末、葱末、盐、香油拌匀；④ 将上述材料揉成豆腐丸子；⑤ 将丸子上锅蒸熟即可。

面团妈妈小唠叨

豆腐要选择韧豆腐或北豆腐制作；加蛋液时要把豆腐出的水倒掉。

营养小贴士

豆腐除具有增加营养、帮助消化、增进食欲的功能外，对宝宝牙齿和骨骼的生长发育也颇为有益，还对增加血液中铁的含量有帮助。

扫码观看视频

黄瓜蛋皮卷

准备好：鸡蛋1个、黄瓜1/2根、盐少许、植物油适量、盐适量。

这样做：① 将鸡蛋打散，加盐搅匀，黄瓜洗净后去皮、切成丝；② 锅里放油，先不开火，倒入蛋液；③ 摇晃锅子使蛋液铺开，然后开小火，在蛋皮表面均匀撒上黄瓜丝；将蛋皮迅速卷起来，关火，切成小段即可。

面团妈妈小唠叨

黄瓜丝在煎蛋皮过程中还会出水，因此，妈妈不要煎太久，不然做出来的蛋卷就太软，宝宝没法自己拿着吃了。提醒妈妈：宝宝的胃肠道还没有发育完善，生黄瓜较凉，宝宝食用会加重胃肠道负担，可能造成消化不良，甚至腹泻，故黄瓜以熟食为宜。

营养小贴士

黄瓜具有一定的除热、利水利尿、清热解毒、缓解咽喉肿痛的功效。吃黄瓜可以及时地补充人体所需要的营养素，促进消化，夏天吃了以后还能增加宝宝的食欲。

茄汁西蓝花虾仁烩

扫码观看视频

准备好：虾仁6个、西蓝花1朵、番茄1个、植物油适量、盐适量。

这样做：① 番茄洗净，去蒂、皮，切成小块，与洗净后的虾仁混合备用；② 西蓝花洗净，在沸水中焯熟，而后切成小块；③ 锅里放油，放入番茄、虾仁炒至颜色发白；④ 锅中放入西蓝花，加盐调味，炒匀，炒至汤汁浓稠即可。

面团妈妈小唠叨

　　这道菜是一个百搭的浇头，妈妈可以浇在软米饭上或面条上给宝宝吃哦！妈妈在选购西蓝花时，以花球表面密集者为佳，要颜色翠绿的，不要发黄的。

营养小贴士

　　因为西蓝花中的矿物质成分比其他蔬菜更全面，钙、铁、锌等含量也都很高，所以宝宝常吃西蓝花可促进生长、维持牙齿及骨骼正常发育、保护视力、提高记忆力。这道菜颜色红红的，番茄的味道很浓，宝宝一定会很喜欢。

西蓝花口蘑浓汤

扫码观看视频

准备好：口蘑3个、西蓝花2朵、牛奶适量、面粉适量、植物油适量、盐适量。

这样做：① 西蓝花和口蘑洗净后在沸水中焯熟；② 将西蓝花和口蘑切碎；③ 锅里放油，放入面粉炒熟；④ 锅里加入水煮成浓汤；⑤ 锅里放入切碎的西蓝花、口蘑和牛奶，加盐调味，煮至蔬菜软烂即可。

面团妈妈小唠叨

选择口蘑须注意：好的口蘑盖呈白色或灰色，菇柄为白色，表面没有腐烂，形状比较完整，没有水渍，不发黏。

营养小贴士

口蘑又称"白蘑""云盘蘑"等，是一种生长在内蒙古草原的白色伞菌。这道汤具有提高宝宝免疫力、保护肝脏、促进消化的作用，其有效成分可增强T淋巴细胞功能，很适合消化不良、脾胃虚弱的宝宝。

鸡汤肉末白菜卷

准备好：肉末100克、香菇2朵、胡萝卜1/2根、圆白菜叶1/2片、鸡汤适量、盐适量、淀粉适量。

这样做：① 把圆白菜叶洗净，放沸水中煮软；② 胡萝卜洗净、去皮、切碎，香菇洗净后也切碎；③ 肉末与胡萝卜碎、香菇碎混合后，加入少许盐，搅匀备用；④ 将菜肉混合物放在圆白菜叶中间做馅，再将圆白菜卷起；⑤ 将圆白菜卷上蒸锅蒸熟；⑥ 鸡汤在平底锅中煮开，用淀粉混匀作芡汁；⑦ 将芡汁浇到蒸熟的圆白菜卷上即可。

面团妈妈小唠叨

圆白菜叶烫软后，过一下冷水，可以保持菜叶色泽翠绿，做出来的圆白菜肉卷更加好看，令宝宝有食欲。

营养小贴士

圆白菜能提高宝宝的免疫力，预防感冒。此菜含有宝宝生长发育所需的优质蛋白质、脂肪、钙、铁和多种维生素，还能够帮助润肠、促进排便，可以有效地缓解便秘、帮助消化。

扫码观看视频

碎菜猪肉松粥

准备好：大米30克、小油菜10克、猪肉松5克、香油3～5滴。

这样做：① 小油菜只取嫩嫩的菜心，清洗干净后放入沸水锅中煮熟、煮软，并切成碎末备用；② 大米和水以1∶5的比例煮成粥，将小油菜末放入其中拌匀，滴入香油即可；③ 吃的时候，在粥的表面撒上一层猪肉松。

面团妈妈小唠叨

肉松属于深加工肉类。市售肉松在加工过程中，需要加入大量的酱油、糖等，因此，含有较高的热量和盐，还可能会造成维生素的破坏。而且市售肉松的原料也有不安全因素。因此，建议妈妈自己动手做肉松。

营养小贴士

肉松属于高能量食品，蛋白质含量丰富。肉松一般都被磨成了末状物，纤维很少，便于宝宝消化吸收。

蛋黄花卷

准备好： 面粉150克、酵母2克、熟鸡蛋黄2个、糖少许。

这样做： ① 酵母用温水化开，加入面粉、水，和成柔软的面团，盖上湿布放在温暖处饧15分钟；② 将熟鸡蛋黄研磨成细末，和糖一起加入面团内揉匀，再饧5分钟；③ 将面团搓成条，揪成小剂子，再搓成细长条，卷成蚊香状；④ 用筷子将面圈夹成4个大小相同的圆形，在每个圆形中心切一刀，使之"盛放"；⑤ 将水烧沸，花卷上笼蒸大约10分钟即可。

面团妈妈小唠叨

剂子不要揪得太大，而且大小要均匀，这样蒸的时间才不会过长，或是因为大小不一造成出锅的花卷过熟或不熟。彩色的面团还可以做成很多好看又好吃的面食，比如宝宝喜欢的葡萄、香蕉、小苹果等。

营养小贴士

这样制作的花卷，不仅外形漂亮，而且吃起来还有微微的甜味。更重要的是，因为加入了蛋黄，花卷的营养更丰富。

鲜果沙拉杯

准备好：奇异果1/2个、火龙果1/2个、香蕉1/2根、草莓2个、酸奶150毫升。

这样做：①火龙果取出果肉，切小丁，用火龙果的果壳当碗；②奇异果、香蕉去皮，切小丁；③草莓切成4小瓣备用；④将火龙果丁、奇异果丁、香蕉丁、草莓装入火龙果壳碗中，淋上酸奶并搅拌即可。

面团妈妈小唠叨

妈妈取火龙果肉时，也可以用挖勺挖出，这样会更加漂亮哦！只要是宝宝食用后肠胃没有异常反应的水果，都可以用，像橙子、西瓜、苹果都可以，只要注意切的大小适合宝宝吃就行。

> **营养小贴士**
>
> 奇异果含有优良的膳食纤维和丰富的抗氧化物质，能够起到清热降火、润燥通便的作用，可以缓解宝宝便秘。

牛油果缤纷沙拉

准备好：牛油果1个、番茄1/2个、鸡蛋1个、切达奶酪（Cheddar）适量、橄榄油1小勺、盐适量。

这样做：①牛油果切开，去内核，取果肉切成1厘米见方小块；②奶酪切成小块；③番茄去皮、去籽、切成丁；④鸡蛋煮熟去壳，切成丁；⑤加入少许盐和橄榄油，将所有食材拌匀即可。

面团妈妈小唠叨

牛油果要买表面深色的，这样的牛油说明是熟透的。

> **营养小贴士**
>
> 牛油果热量高，脂肪含量约15%，比鸡蛋和鸡肉还高。每100克牛油果约含670千焦热量，是甜苹果的3倍、牛奶的2.7倍。它的钾含量比香蕉还高，纤维特别丰富，抗氧化能力强。

本月妈妈误区

Q：宝宝 1 岁了，辅食可以添加酸奶了吗？很多妈妈说怕宝宝腹泻，要延迟添加，对吗？

A：无牛奶蛋白过敏问题的宝宝，10 个月左右就可以酌情尝试酸奶，1 岁以后可以正式添加酸奶。若宝宝对牛奶蛋白过敏，建议在1岁甚至2岁以后再尝试。最初添加酸奶时可以从少量开始，观察2～3天，看宝宝有无过敏反应：一旦发现或怀疑有过敏反应，应推迟添加酸奶的时间；如果没有过敏反应，就可以逐渐添加了。1岁以上的宝宝可以开始喝酸奶，每天可喝1～3小杯（125克/杯）。如果把酸奶作为两餐之间的零食，下一餐的时候适当减少一点食量。

为宝宝选择酸奶时要注意看其成分表。很多果味酸奶中添加的成分可能并不是真正的水果，而只是添加剂，选择时需避开此类酸奶，选购原味酸奶。

Q：为了宝宝更加聪明，要让他摄入多一些的 DHA？

A：这样的观点肯定是不对的。

DHA是不饱和脂肪酸二十二碳六烯酸的缩写，属于多元不饱和脂肪酸的一种（又名"脑黄金"），大量存在于人体大脑皮质及视网膜中，形成视网膜的感光体，是大脑皮质的组成成分，对脑部及视力的发育有重要作用，是宝宝脑部和视网膜发育不可缺少的营养素。

最好的DHA来源是母乳，宝宝在食用母乳、婴儿配方奶粉和米粉，正常食用深海鱼作为辅食，以及食用其他营养丰富的辅食的情况下，就不用再补充DHA了。宝宝2岁后可以再酌情添加DHA。因为过多地摄入DHA身体也会将其消耗掉，不会出现因为摄入多而变得更加聪明的现象。

Q: 有的妈妈对宝宝的营养非常重视，看到宝宝不爱吃饭或者在儿童保健体检时发现微量元素锌缺乏时，就赶紧给宝宝补充锌剂。这样对吗？

A: 锌是人体多种酶和活性蛋白的必需因子，对维持机体细胞膜的稳定性起着十分重要的作用，并可以提高人的认知能力，对促进中枢神经系统活动、增强免疫功能有着重要的作用。我们给宝宝吃的辅食如瘦肉、鱼、贝类、豆类、牛奶中就含有丰富的锌，只要按时添加辅食，并且合理搭配，均衡膳食，每天有动物性食品，保证蔬菜、水果、谷类食物的摄入，适当地添加粗粮，做到粗细搭配就可以了。妈妈不用担心宝宝会缺锌。

不建议妈妈自行给宝宝服用锌的补充剂，因为一般膳食中的含锌量不会引起中毒，但是如果通过药物补充就有可能出现锌中毒。如果一定要服用锌剂，也要在医生的指导下服用。

第十章

功能型辅食
（特殊需求宝宝怎么吃？）

在宝宝的成长中，妈妈最担心宝宝缺钙、缺锌、缺铁等，生怕在辅食添加中忽视了这些营养元素的补充。怎样在辅食添加中做到合理、全面补充营养呢？怎样轻松打造健康"小超人"和"小公主"呢？本章节的内容妈妈一定不要错过了。

补钙食谱部分

宝宝补钙理由

婴幼儿正是身体长得最快的时候，骨骼和肌肉发育需要大量的钙，因而对钙的需求量非常大。钙是人体的"建筑材料"，如同盖房子需要钢筋水泥、砖块泥瓦一样，宝宝的生长发育也离不开钙。婴儿如果缺钙，牙齿的生长发育会延迟，有些宝宝2岁多还不长牙齿；骨骼也会变软，严重的形成软骨症、O形腿或X形腿等。

怎样正确看待补钙？

婴儿正处于骨骼和牙齿生长发育的重要时期，对钙的需求多。一般1岁内的宝宝每日需钙量为300～400毫克，1岁以上逐渐增多，3岁以后达1200毫克，与成人相似。

摄入营养的最佳途径一定是从食物中获得，牛奶是最佳的钙质来源，1毫升牛奶含1.2毫克的钙。食物中的营养素肯定要比补充剂更天然、安全，也更适合宝宝。

面团妈妈小唠叨

在前面章节中介绍的各阶段的辅食营养素都很全面，妈妈要掌握各阶段宝宝所需的营养，合理安排宝宝一天的辅食和奶量，以及户外活动时间。

牛奶粥

准备好：大米50克、婴儿配方奶50毫升。

这样做：① 将大米淘洗干净，用水浸泡1小时，放入小汤锅中熬成粥；② 关火前加入婴儿配方奶搅拌均匀即可。

面团妈妈小唠叨

牛奶粥适合8个月以上的宝宝。妈妈也可以用小米制作。

营养小贴士

7～12个月的宝宝，每日饮奶的总量为600～800毫升。即便宝宝很喜欢吃辅食，也不能让奶量减下来。牛奶中含有丰富的活性钙，是人类最好的钙源之一，吸收率高达98%。

蛋花银鱼豆腐羹

准备好：鸡蛋1个（取鸡蛋黄）、南豆腐40克、银鱼30克、骨头汤150毫升。

这样做：① 将鸡蛋黄打散成蛋黄液；② 南豆腐切成小块，然后放入碗中捣碎；③ 银鱼洗净后切成碎末；④ 将准备好的骨头汤煮开，加入银鱼碎和豆腐碎，小火煮熟，撒入蛋花再次煮开即可。

面团妈妈小唠叨

这道菜适合10个月以上的宝宝吃。鸡蛋、豆腐不仅含有丰富的钙，吃起来也又软又嫩，特别适合小宝宝吃。如果妈妈觉得银鱼不好咀嚼，也可以换成三文鱼、鳕鱼制作。

营养小贴士

豆腐含钙量较多，而鱼中富含维生素D，将这两者搭配可使宝宝对钙的吸收率提高。

香香骨汤面

准备好：猪脊骨200克、龙须面30克、青菜50克、胡萝卜3片、盐适量、香油适量。

这样做：① 将猪脊骨洗净，放入冷水中，用中火熬煮30分钟；② 青菜洗净，去根，切成丝；③ 胡萝卜片用压花模子压成胡萝卜花；④ 丢弃骨头，取清汤，先将龙须面加入汤中，再将青菜碎、胡萝卜花加入汤中，煮至面熟，加盐和香油调味即可。

面团妈妈小唠叨

这道汤面适合1岁的宝宝。妈妈如果想为小宝宝制作这道辅食，可以将龙须面换成儿童面条并且掰碎后煮制，而且不要加盐，蔬菜切成碎末即可。

营养小贴士

骨头汤富含矿物质和多种维生素，可为正在快速生长的1岁以上宝宝补充钙质和铁，预防软骨症和贫血。

虾皮紫菜蛋花汤

准备好：鸡蛋1个、紫菜10克、虾皮适量、盐适量、香菜适量、香油适量。

这样做：① 紫菜洗干净，清水泡发后切碎，与洗净后的虾皮一同放入碗中待用，鸡蛋打散；② 锅内加水烧开，淋入鸡蛋液，倒入紫菜、虾皮烧开；③ 待蛋花浮起时，放盐、香油和香菜调味即可。

面团妈妈小唠叨

这款汤适合1岁的宝宝。紫菜最好用清水泡发，并换1~2次水。妈妈也可以将虾皮放入搅拌机打碎，或研成粉末，有利于钙的溶出，宝宝食用也利于消化吸收。

营养小贴士

紫菜含维生素C、维生素E、烟酸、钙、磷、铁、碘等营养成分。虾皮中含有丰富的蛋白质、矿物质等营养元素，具有很好的食用价值。宝宝吃虾皮能保证营养的均衡吸收，促进发育。虾皮紫菜蛋花汤是很好的补钙汤品，妈妈也可以将这个汤做成虾皮紫菜汤面，也很不错。

补铁食谱部分

宝宝补铁理由

铁是制造血红蛋白的原料，食物中缺少铁质，影响血红蛋白的合成，宝宝容易得营养性缺铁性贫血。缺铁使肌肉组织含氧量不足，宝宝易疲倦、软弱无力。由于母亲怀孕期间通过胎盘输送的铁只够宝宝消耗4~6个月，所以6个月以后宝宝体内的铁容易缺乏。我们要在这个时期添加婴儿强化铁的配方米粉等，给缺铁的宝宝。

怎样正确看待补铁？

补铁要坚持食补原则，因为食物中就富含很多天然的铁，如婴儿强化铁的配方米粉、瘦肉、青菜、大枣等。有很多年轻的父母随意给宝宝补铁，误认为补铁食品和药剂都是营养品，不管宝宝是否缺铁，吃了都有好处。其实，铁和其他矿物质一样，在人体内都有一定的含量和比例。当食物中已含有足够量的铁时，若再盲目补铁会造成宝宝体内含铁量过多。因此，应科学合理的添加辅食，用食物补充是最安全、最科学的做法。

鸡肝蔬菜粥

准备好：鸡肝30克、大米30克、绿叶蔬菜的菜叶10克。

这样做：① 将菜叶洗净，放入热水中焯一下，捞起后放凉，沥干水分，切成碎末备用；② 鸡肝洗净，去筋，切成小碎末备用；③ 大米洗净，放入锅中，加适量清水，煮至粥快熟时，加入备好的鸡肝末；④ 待鸡肝变色快熟时，再加入碎菜末，稍煮片刻即可。

面团妈妈小唠叨

动物肝脏、血和瘦肉中都富含铁。这款粥口感软烂，味道鲜美，适合宝宝食用。其中的蔬菜也可经常更换，如小白菜、油菜、菠菜等。

营养小贴士

选用菠菜补铁效果更好。因为鸡肝和菠菜中铁质丰富，而且营养全面。

猪血豆腐青菜汤

准备好： 猪血50克、豆腐30克、青菜叶30克、虾皮5克、香菜适量、盐适量、香油适量。

这样做： ① 猪血与豆腐洗净，切成相似的小块；② 香菜洗净，香菜叶切成末备用；③ 青菜叶洗净、切碎；④ 虾皮泡水备用；⑤ 锅中加水烧开后，先加入虾皮，再加入豆腐小块、猪血小块和青菜碎；⑥ 上述食材煮熟后加入香菜末、盐、香油调味即可。

面团妈妈小唠叨

这款汤菜营养价值较高，适合1岁的宝宝。妈妈注意挑选优质的猪血，即颜色深红，切时易碎，切面有不规则小孔，闻起来有腥味的。妈妈可以将买来的猪血先用淡盐水泡一下再制作。

营养小贴士

猪血含铁量较高且易吸收，利用率可达12%；豆腐含有丰富的大豆卵磷脂，有益于宝宝大脑和神经的发育；虾皮还有助补钙。补铁的同时也要注意多给宝宝吃一些含维生素C的水果，如鲜枣、猕猴桃、橘子、草莓等，这些都是帮助铁吸收的。

西葫芦牛肉蝴蝶面

准备好： 西葫芦30克、牛肉30克、蝴蝶面30克、胡萝卜1/3根、香菇2朵、盐适量、植物油适量、香油适量。

这样做： ① 所有食材切成碎末，牛肉切碎加少许淀粉抓匀腌制；② 锅内放入植物油，烧热后，放入胡萝卜碎和牛肉和香菇略炒；③ 加入西葫芦碎翻炒，而后加入清水或高汤煮沸；④ 放入儿童蝴蝶面煮熟，加盐和香油调味即可。

面团妈妈小唠叨

这道面适合1岁宝宝吃。如果小宝宝要吃的话，妈妈不要加盐，所有食材要切得更加碎。牛肉要选最嫩的部分，像牛柳就可以。

营养小贴士

牛肉含有丰富的维生素和铁、钙、磷等矿物质，这些营养成分易于被人体吸收。中医认为牛肉具有补脾胃、补血养气、强筋健骨的功效。

猪肝枣泥羹

准备好：猪肝30克、红枣2枚、番茄1个。

这样做：① 红枣用清水浸泡1小时后剥皮、去核，将枣肉剁碎备用；② 番茄用开水烫一下，去皮，剁成番茄泥；③ 猪肝清洗干净，去除筋膜，用搅拌机打碎；④ 将制作好的红枣泥、番茄泥、猪肝泥混合，搅拌均匀，加适量清水，上锅蒸熟即可。

面团妈妈小唠叨

这款猪肝枣泥羹适合7个月以上的宝宝。如果给大一点的宝宝食用，妈妈可以根据月龄和宝宝的咀嚼能力控制猪肝颗粒的大小。

营养小贴士

红枣甜香，番茄酸甜，与肝泥混合可以去腥味，使这款营养美食别有风味。猪肝含有丰富的维生素A和铁，每100克猪肝约含铁22.6毫克。红枣和番茄中富含维生素C，能促使猪肝中丰富的铁被宝宝更好地吸收与利用。

补锌食谱部分

宝宝补锌理由

锌是人体必需的微量元素之一，在人体生长发育过程中起着极其重要的作用，常被人们誉为"生命之花"和"智力之源"。锌的需要量各年龄组不同，缺锌的宝宝主要表现为食欲减退、异食癖、生长发育缓慢、免疫力低下等。

怎样正确看待补锌？

很理解爸爸妈妈们担心宝宝在生长过程中缺少营养素的心情，缺锌了要怎么补才好？补多少合适？补太多有没有害处？这些问题的答案爸爸妈妈也要心里有数，不能盲目补锌。0~6个月的宝宝每日大约需要2毫克锌来维持身体所需。7~12个月的宝宝每日需锌量约为2.8毫克。

面团妈妈小唠叨

在正常辅食和母乳或配方奶的喂养下，宝宝不会缺少这些营养素的，妈妈不用过分担心，也不要擅自给宝宝喝补锌的营养补充剂，要在医生的指导下服用。因为食物中含锌就很丰富，而且不会有补充过量的危险，所以还是建议以食补为主。

一般动物性食物的含锌量比植物性的食物多得多，而且更易吸收。鱼、虾、牡蛎、牛肉、猪肉、羊肉、蛋黄、芝麻、核桃、花生、小米、萝卜等都含丰富的锌，其中，牡蛎的含锌量最高。其他如贝壳、虾类等海产品的含锌量也非常高。

牡蛎煎蛋

准备好：牡蛎100克、洋葱20克、鸡蛋1个、橄榄油适量、盐适量。

这样做：① 牡蛎肉清洗干净，放入开水中汆烫10秒钟，然后捞出控干水分，切碎；② 洋葱洗净后切碎；③ 鸡蛋打散成鸡蛋液；④ 炒锅加入适量的橄榄油，先煸炒洋葱碎，而后放入牡蛎，加盐调味；⑤ 倒入鸡蛋液，完全炒熟即可。

面团妈妈小唠叨

这道菜适合1岁宝宝吃。给宝宝食用牡蛎时一定要煮熟透，并且切碎或剁成小块，否则，不利于宝宝消化吸收。

营养小贴士

牡蛎中含有丰富的锌，锌能帮助宝宝吸收钙，从而促进宝宝的骨骼发育。此外，牡蛎中的钙、铁也比较丰富，能预防贫血，增强体质。

胡萝卜番茄汤

准备好：胡萝卜1/2根、番茄1个、鸡蛋1个、盐适量、植物油适量、香油适量、高汤适量。

这样做：① 将胡萝卜和番茄去皮，洗净，胡萝卜切小片，番茄切小块；② 锅中倒入适量植物油，烧热，倒入胡萝卜片翻炒几次；③ 倒入高汤，中火烧开，待胡萝卜熟时，加入番茄块，调入盐；④ 把鸡蛋打散倒入，淋入香油即可。

面团妈妈小唠叨

这款汤适合1岁宝宝。番茄应去皮后再制作。脾胃虚寒证小儿不宜多吃番茄。

营养小贴士

番茄有清热解毒的作用，其含有丰富的胡萝卜素及矿物质，是缺锌宝宝的补益佳品。

豌豆胡萝卜虾仁粥

准备好：虾仁4个、豌豆10克、大米50克、胡萝卜1/3根、清水适量、植物油适量。

这样做：① 将大米淘洗干净，放到冷水里泡2个小时左右；② 将虾仁洗净，剁成极细的茸；③ 胡萝卜洗净后去皮，切成碎末；④ 豌豆去皮，可用勺子压几次，颗粒变小更容易煮烂；⑤ 油热后将胡萝卜碎和虾仁碎放入翻炒几下；⑥ 将炒过的虾仁碎、胡萝卜碎和豌豆、大米、清水放入炖盅或电饭煲中煮烂即可。

面团妈妈小唠叨

这款粥适合10个月大的宝宝。对于小一点的宝宝，妈妈可以将虾仁换成三文鱼制作，同样也是补锌的一款粥。

营养小贴士

虾的营养价值极高，含丰富的锌，且能增强宝宝的免疫力；其维生素D的含量也是海产品之首，能促进钙吸收；还含有钾、硒等元素和维生素A，且肉质松软，易消化，常吃有健脑功效。

香菇干贝虾仁瘦肉粥

准备好：香菇2朵、干贝10克、虾仁5个、大米50克、胡萝卜1/3根、猪肉馅20克、清水适量、植物油适量。

这样做：① 香菇、虾仁洗净后切碎，胡萝卜洗净后去皮并切成小碎块，干贝泡发好后也切碎；② 油热后将胡萝卜碎和虾仁、香菇、干贝碎、猪肉馅放入锅内翻炒几下；③ 将炒过的所有食材与大米、清水放入电饭煲中煮烂即可。

面团妈妈小唠叨

这款粥适合10个月以上的宝宝，1岁的宝宝食用时妈妈可以加一点盐。也可以用砂锅制作这款粥。干贝又称"瑶柱"，制作前要用温水泡发。妈妈应选择颗粒完整，无碎片，肉质清晰、粗实，咸味轻的干贝。

营养小贴士

干贝营养价值很高，它含有丰富的锌、磷、钾、维生素、蛋白质、钙、硒等。吃这类食物对人体非常不错。用干贝制作粥是最佳选择，这样利于宝宝吸收营养。

聪明宝宝益智食谱部分

食物可以让宝宝变聪明吗？

儿童大脑功能除与遗传、环境等因素有关外，营养也有相当重要的作用。宝宝的智力发展除了必要的智力训练及刺激外，更重要的是提供给宝宝充分、必要的大脑营养物质。由于大脑发育具有不可逆转性，所以有些细心的家长从怀孕开始，就注意宝宝脑营养的供给。这里介绍一些日常生活中常见的有益于儿童大脑健康发育的食品！其实，每日宝宝合理摄入多种营养素如蛋白质、碳水化合物、钙、锌、卵磷脂等，都会促进智力发育。

面团妈妈小唠叨

妈妈要给宝宝均衡、足够的营养，同时，也要适当增加一些益智的食材，如鱼、牛奶、虾、核桃、小米、鸡蛋、豆制品等。

下面就来具体说一说常见的几种益智食材：

小米

小米含有较多的蛋白质、脂肪、钙、铁、B族维生素等营养，被人们视为健脑主食。

鸡蛋

鸡蛋中含有较多的卵磷脂，可使脑中增加乙酰胆碱的释放，提高儿童的记忆力和接受能力。如果儿童每天早餐吃1～2个鸡蛋，不仅可以强身健脑，还能在学习中保持精力旺盛。

大豆

大豆含丰富的优质蛋白和不饱和脂肪酸，它是脑细胞生长和修补的基本成分。大豆还含有1.64%的卵磷脂、铁及维生素等，适当摄取可增强和改善儿童的记忆力。

鱼肉

鱼肉含球蛋白、白蛋白及大量不饱和脂肪酸，还含有丰富的钙、磷、铁及维生素等，适当摄取可增强和改善儿童的记忆力。但幼小的宝宝食用时，特别要注意别让鱼刺卡住宝宝的喉咙。

虾皮

虾皮中含钙量极为丰富，每100克含钙约2000毫克。摄取充足的钙可保证大脑处于最佳工作状态，还可防止其他缺钙引起的疾病。儿童适量吃些虾皮，对加强记忆力和防治软骨病都有好处。

牛奶

每100克牛奶含蛋白质3.5克、钙125毫克。牛奶中的钙有调节神经、肌肉兴奋性功用。儿童每天早饭后喝一杯牛奶，有利于改善认知能力，保证大脑高效地工作。

核桃仁

核桃仁含40%～50%的不饱和脂肪酸。构成人脑细胞的物质中约有60%是不饱和脂肪酸。可以说，不饱和脂肪酸是大脑不可缺少的建筑材料，儿童常吃核桃仁对大脑健康发育很有好处。

小米蛋奶粥

准备好：小米50克、配方奶50毫升、鸡蛋黄1个。

这样做：① 小米淘洗干净，用冷水浸泡，沥水备用；② 锅内加入清水，放入小米，先用旺火煮至小米涨开；③ 加入牛奶继续煮至米粒松软烂熟，将蛋黄液淋入牛奶粥中煮熟即可。

面团妈妈小唠叨

这道粥适合8个月以上的宝宝。对于1岁的宝宝，妈妈可以用全蛋制作。

营养小贴士

吃小米可以促进消化，明目养眼，补充精力，是很好的益智食材。

蒸鱼糕

准备好：鸡蛋1个、龙利鱼100克、胡萝卜1/2根、海苔适量。

这样做：①胡萝卜洗净、去皮，先刨丝，在开水里焯一下，然后剁成胡萝卜末备用；②龙利鱼洗净后切小片；③将鸡蛋蛋黄与蛋清分离，分别打成液；④在鱼泥里放入胡萝卜末，再放入海苔碎（海苔提前用辅食剪刀剪成碎末）和蛋清液，搅匀；⑤将做好的鱼泥放入碗中，上锅蒸8分钟左右，开盖，刷上一层蛋黄液，盖上锅盖继续蒸3～5分钟；⑥鱼糕出锅后稍微晾一下，倒在案板上脱模，然后切成小块即可。

面团妈妈小唠叨

这道菜适合1岁以上宝宝食用。妈妈准备适合蒸的模具，什么形状都可以；蒸前在模具上刷一层薄薄的油，方便蒸熟的时候脱模。

营养小贴士

海水鱼中的DHA（俗称"脑黄金"）含量高，对提高记忆力和反应力非常重要。妈妈选鱼，食品安全也要在考虑范畴。小宝宝吃鱼要选择只有主刺的鱼，海水鱼更加适合。

核桃牛奶粥

准备好：核桃仁20克、配方奶50毫升、大米50克。

这样做：①将锅放在火上，不放油，大火烧热，转小火，然后将核桃仁放入锅中炒熟，取出，碾碎；②将大米淘洗干净，放到冷水里泡2个小时左右，倒入小汤锅，加适量清水，煮至粥熟；③粥内加入核桃碎稍煮1分钟，关火，待粥放至温热倒入配方奶搅匀即可。

面团妈妈小唠叨

这款粥适合8个月以上的宝宝。妈妈要注意的是，核桃一定要碾碎、捣碎后制作，以免发生卡喉窒息的危险。

营养小贴士

磷脂是细胞结构的主要成分之一，也是脑神经细胞的重要原料之一。充足的磷脂能增强细胞活力，有提高神经功能的重要作用，对宝宝的大脑发育非常有好处哦！

香菇鳕鱼南瓜焖饭

准备好：南瓜50克、鳕鱼40克、香菇2朵、大米30克、荷兰豆10克、洋葱10克、植物油适量、盐适量。

这样做：① 大米洗净，倒入3倍水浸泡半小时，南瓜、洋葱、鳕鱼、香菇、荷兰豆均切碎丁；② 锅内放少许油烧热，先放入洋葱爆出香味，再放入香菇丁、鳕鱼丁、荷兰豆碎和南瓜丁，加盐调味，翻炒；③ 所有炒好的食材连同大米一同倒入电饭煲内焖熟即可。

面团妈妈小唠叨

这道辅食适合1岁的宝宝。对于小一点的宝宝，妈妈可以将食材做得再细碎些，做成粥，不加盐。

营养小贴士

鳕鱼富含"鱼油"，而鱼油的主要成分是不饱和脂肪酸。不饱和脂肪酸的组成成分DHA对健脑明目、增强记忆力、促进脑部发育、预防忧郁症、缓解压力等有一定作用。

宝宝长高食谱部分

"长高季"来啦！
为什么宝宝吃得太饱反而长不高？

耳边总是有很多家长抱怨：你看你家宝宝又长高了，我家的怎么还跟小蹦豆一样不长个呢？其实除了遗传因素外，后天喂养也是长高的重要因素，不能忽视哦！

据世界卫生组织的一项报告，儿童的生长速度在四季并不相同，生长最快在4月和5月，最慢在10月和11月。春天身高的增长速度是秋天的2～2.5倍。因此，每年春天是宝宝长高的最佳时间，家长注意不要忽视！

什么食物可以让宝宝长高呢？

长高，我想是大部分家长都关注的话题，除了遗传基因外，20%～30%的后天因素是我们家长可以掌控的长高指数，而喂养是关键。在日常的饮食中，妈妈要注意，平时让宝宝少喝可乐、果汁，少吃甜点等糖分过多的食品。过多的糖分会阻碍钙质的吸收，影响骨骼的发育，也就耽误宝宝长高了。

面对长高，哪些营养素是不能缺少的呢？

矿物质

钙、磷、镁等矿物质是构成骨骼架构的最基础元素，占到2/3，其中，99%的矿物质是由以上三种元素构成的。另外，如铁、锌等微量元素的作用也不可以忽略，他们可以调节宝宝生长发育的速度。因此，奶制品、鱼类、坚果类食品是值得推荐的食品。

蛋白质

宝宝吃什么能长高？蛋白质必不可少。各种组织器官都由蛋白质构成，如肌肉组织、内脏、大脑组织及许多重要的生命物质。因此，选择高蛋白食物，如瘦肉、鱼类、牛奶、大豆、鸡蛋等无疑是非常重要的。

脂肪和脂肪酸

充足的脂肪酸摄入是必要的，除非宝宝本身的体重已经超过标准体重的25%，达到肥胖的程度，否则，不应该严格限制宝宝选择脂肪性食品。建议妈妈多选择天然的脂肪酸含量高的食品，如鱼类、鸡蛋等；建议不要过多添加仅含高油脂的食品，如奶油、牛油等，这些都会引起肥胖。

维生素

维生素A、维生素B、维生素C等在宝宝长高方面发挥重要作用，而日常食品中，柑橘类水果、胡萝卜、菠菜等维生素含量尤其丰富。妈妈平时要注意让宝宝不要只吃肉类不吃蔬菜：不吃这些重要的蔬菜和水果类有助长高的食品，怎么会长得高呢？

面团妈妈小唠叨

长高的秘诀就是均衡饮食。肉类、谷类、奶及奶制品、水果和蔬菜合理搭配，要避免和纠正宝宝挑食、偏食等不良习惯，适当添加矿物质。要谨记没有绝对的"长高食品"，最重要的是营养均衡和饮食多样化。

在宝宝长高问题上，家长容易犯的小错

给宝宝吃得过饱

小宝宝的消化系统还处于发展阶段，很娇嫩，家长在给宝宝喂食时一定要把握好度，使宝宝能始终保持正常的食量。不要一个阶段加太多，觉得宝宝胖了又特意让他少吃。"八分饱"为最佳喂养宝宝的度。

很多老人喂养长大的宝宝容易肥胖和个子长得慢，是因为老人们总怕宝宝没吃饱，一个劲儿地喂……其实人在饥饿状态下，会促进脑垂体更多地分泌生长激素，这可以刺激儿童骨骼生长。吃得过饱反而会影响生长激素的分泌，导致宝宝长不高。

宝宝长期吃得过多，极易致脑疲劳，造成大脑早衰，影响大脑的发育，导致智

力偏低。此外，吃得过饱还会造成肥胖症，从而严重影响骨骼生长，限制宝宝身体发育。

晚睡

爸爸妈妈上班都太忙了，白天都是老人带宝宝，晚上回来还不要多陪陪宝宝呀？应该陪，但是要控制时间，如果不加以控制就会导致宝宝养成晚睡的习惯。

睡眠是使人体长高的不可或缺的"营养素"。生长激素的分泌在宝宝入睡后明显升高并且持续时间较长，夜间生长激素的分泌量为全天量的一半以上。宝宝要长高，特别在春天这个季节，要保证宝宝有足够的睡眠，每天至少睡9小时。

运动太少

很多家长觉得宝宝吃好、睡好就可以长高个，但是忽视了很重要的一项就是运动，尤其是户外运动。运动能促进宝宝血液循环，改善骨骼营养，使骨骼生长加速，促进身高增长。户外运动可以使宝宝很好地接触阳光，促进钙的吸收和利用，对于宝宝长高是不可缺少的重要一步。

阳光好的时候，爸爸妈妈要多带宝宝去打球、踢球，或者跳绳、骑滑板车等，这些简单的运动就可以促进生长激素的分泌，使骨骼、肌肉、大脑发育得更好。

"长高菜品"来啦！饮食均衡、菜品多样化是重点哦！

鸡汤豌豆糊

准备好： 豌豆10个、鸡汤30毫升。

这样做： ① 将豌豆洗净，剥出豌豆粒，放入沸水中煮熟烂；② 取出煮熟的豌豆，沥水，放入搅拌机内搅打成泥；③ 将豌豆泥过滤后与鸡汤一起搅匀即可。

面团妈妈小唠叨

这道辅食适合8个月以上的宝宝。大一点的宝宝，妈妈可以准备面包条或手指饼干，给他蘸豌豆泥吃，是很好的磨牙辅食哦！

营养小贴士

豌豆中富含人体所需的各种营养物质，尤其是含有优质蛋白质，可以提高机体的抗病能力和康复能力。

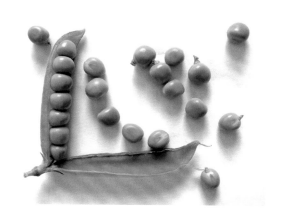

猪肝鸡蛋粥

准备好：新鲜猪肝50克、鸡蛋1个、大米100克、香油适量、盐适量。

这样做：① 将大米淘洗干净，放到冷水里泡2个小时左右；② 猪肝洗净，去筋，用搅拌机打碎；③ 取一个小汤锅，加适量清水，将大米放入，大火煮沸后放入猪肝碎，转小火煮至粥熟；④ 鸡蛋打散成蛋液，洒在煮熟的大米粥中制成蛋花，加入盐、香油调味即可。

面团妈妈小唠叨

这款粥适合1岁宝宝。小宝宝喝的时候，妈妈可以先将猪肝打成泥，而后再制作，不要加盐。

营养小贴士

猪肝中含有丰富的蛋白质、钙、磷及维生素A，有助于宝宝的智力发育和身体发育。鸡蛋则含有婴幼儿成长需要的卵白蛋白和卵球蛋白，而且钙、磷等无机盐含量也很丰富，是儿童增高的理想食品。

三文鱼土豆泥

准备好：三文鱼50克、土豆1/2个。

这样做：① 土豆洗净后，上锅蒸熟，去皮，然后碾成泥；② 三文鱼洗净，上锅蒸熟，碾碎；③ 把土豆泥和三文鱼肉混在一起拌匀即可。

面团妈妈小唠叨

这道辅食适合7个月以上的宝宝吃哦！因为1岁以内的宝宝都不太适合吃盐，所以不用放调味料。若1岁的宝宝吃，妈妈制作时可以适当加一点盐调味。摆盘前可用模具将其做好造型，宝宝会更加喜欢。

营养小贴士

宝宝长高，铁、锌等微量元素的作用也不可以忽略，它们可以调节宝宝生长发育的速度。三文鱼富含丰富的锌和很多有益的营养素，妈妈可以给宝宝试试这道辅食哦！

鸡肉洋葱胡萝卜小丸子

准备好： 鸡腿肉50克、胡萝卜1/2个、洋葱适量、淀粉适量、香油适量。

这样做： ① 鸡腿肉洗净后剁成泥；② 洋葱、胡萝卜洗净后，切碎末；③ 以上食材加入一点淀粉和几滴香油，搅拌均匀，揉成小丸子；④ 隔水上锅蒸10分钟即可。

面团妈妈小唠叨

这款小丸子适合10个月以上的宝宝吃。1岁的宝宝吃可以加盐调味。这款小丸子颜色好看，让人很有食欲。鸡腿肉要去皮、去筋膜再制作哦！

营养小贴士

只有营养均衡，宝宝才可以长得高。蛋白质和各种维生素都是宝宝长高不能少的营养。肉类、蔬菜和主食搭配合理才是长高的秘诀。

挑食宝宝食谱部分

怎样预防宝宝挑食呢?

　　婴儿期开始预防挑食。宝宝在婴儿期就可能出现挑食的倾向,因此,从吃辅食开始,就要为宝宝提供适合的、有益的、类型丰富的食材,不要把不同类的食材刻意分开喂,这样对于宝宝来说就是刻意选择,会给以后的挑食埋下伏笔。

　　妈妈要尝试给宝宝新的食材,不要他不吃就马上放弃,但是也不要逼迫他一定要吃下。宝宝第一次拒绝,妈妈可以在一周后再次尝试此食材,从小口、小口的试吃开始。而且妈妈也要注意,不要一种食材喂养过频,而放弃其他食材,这会导致宝宝挑食。

香甜鳕鱼泥

　　准备好:鳕鱼50克、胡萝卜1/2个、洋葱适量。

　　这样做:① 将鳕鱼洗净,去皮、骨;② 洋葱洗净,切小块;③ 胡萝卜去皮,洗净,切小块;④ 所有材料放入辅食机,搅打成泥;⑤ 将混合鱼泥放入准备好的可爱模具里,上锅蒸熟即可。

面团妈妈小唠叨

　　这款小丸子适合9个月以上的宝宝。很多妈妈认为洋葱辛辣、有特殊气味,不适合给宝宝吃,其实洋葱完全熟透后是甜的。这款辅食妈妈可以做成各种可爱造型,如果没有模具,做成圆球也可以。宝宝可以自己拿着吃,可爱的造型也会很吸引他们的。

营养小贴士

　　洋葱能够帮助人体对抗汞、镉、铅等重金属的侵害。鳕鱼的营养也很丰富,富含优质蛋白质和矿物质,能促进婴幼儿的骨骼和肌肉快速生长,而且肉厚刺少,低脂肪,非常适合给宝宝食用。

萌萌小羊

准备好：鸡蛋1个、土豆1个、胡萝卜1/2个、黄瓜适量、火腿适量、海苔适量、植物油适量。

这样做：① 将土豆洗净、蒸熟后去皮，碾成泥；② 胡萝卜洗净后去皮，切成碎末，火腿也同样切成碎末，和土豆泥混合；③ 取少许植物油倒入不粘锅，油热后倒入混合好的土豆蔬菜泥，摊一个小饼；④ 煮一个鸡蛋，剥去蛋壳，在粗头划一下，插入黄瓜片做成小羊的耳朵，海苔剪成条做腿，土豆蔬菜饼修剪一下，做成小羊的身体即可。

面团妈妈小唠叨

这道菜适合1岁的宝宝。妈妈可以发挥想象力做成自己的萌萌小羊哦！宝宝看到这么可爱的早餐还会挑食吗！

营养小贴士

这款可爱的早餐，在提高食欲的同时营养也很丰富，哪个宝宝不爱有趣的东西！妈妈可以多花一点心思摆盘。宝宝对可爱的造型一定会爱不释手。

蔬菜"意大利面"

准备好：黄瓜1根、虾仁5个、盐适量、植物油适量。

这样做：① 黄瓜洗净后，去皮，用擦丝器削成细丝；② 虾仁洗净后，煮熟，切小丁；③ 平底锅加油，油热后放入黄瓜丝略微煸炒盛出，与虾仁碎混合，加盐调味即可。

面团妈妈小唠叨

这道蔬菜pasta（意大利面）适合1岁的宝宝。用削丝蔬菜代替传统意大利面，像黄瓜、节瓜、胡萝卜等都可以用于制作，搭配宝宝喜欢的肉类如鱼、鸡肉、虾仁都可以。是不是很有趣？宝宝也会觉得很有趣。

营养小贴士

黄瓜是我们经常食用的一种蔬菜。它肉质脆嫩，汁多味甘，生津解渴，且有特殊芳香，很适合夏天哦！

胡萝卜水饺

准备好：面粉100克、胡萝卜1根、猪肉馅50克、虾仁10克、水发香菇10克、盐适量、香油适量、清汤适量。

这样做：① 猪肉馅加入盐、适量清汤搅匀；② 胡萝卜洗净，取1/3胡萝卜切碎；③ 虾仁、水发香菇洗净，均切成小丁，与胡萝卜末、肉末、香油拌匀成胡萝卜馅；④ 剩余胡萝卜加入榨汁机中榨成菜汁；⑤ 面粉放在盆中，开一个窝，倒入胡萝卜汁、适量清水，反复揉匀、揉透，制成胡萝卜面团，静置15分钟，然后将其切成小剂子，擀薄制成饺子皮，包入胡萝卜馅，捏成饺子生坯，放入沸水锅中煮至浮起来，捞出即可。

面团妈妈小唠叨

这款小饺子适合1岁宝宝。妈妈也可以用菠菜、苋菜的汁制作面皮。有颜色的小饺子宝宝一定会很爱吃。

营养小贴士

这种无添加的蔬菜汁做成的面团营养丰富，颜色又很好看，能提高宝宝的食欲。而且这款饺子馅食材丰富，含有丰富的膳食纤维和蛋白质等各种营养素。

宝宝护眼食谱部分

吃什么可以保护眼睛呢？

宝宝还是要注意饮食均衡。如果饮食缺钙，则也会引起幼儿神经肌肉兴奋性增高，使眼肌处于高度紧张状态，从而增加眼外肌对眼球的压力，时间久了容易导致视力损害。辅食中也要有含维生素C的食物。

维生素C是组成眼球晶状体的成分之一，缺乏维生素C容易使晶状体发生浑浊，从而患上白内障。多给幼儿摄取含维生素C的食物，如各种蔬菜和水果，包括青椒、黄瓜、菜花、小白菜、鲜枣、梨等。

富含维生素A的食物能增强眼睛对黑暗环境的适应能力。如果严重缺乏维生素A，容易患夜盲症。富含维生素A的动物性食物为猪肝、鸡肝、蛋黄、奶制品等；植物性食物如胡萝卜、菠菜、韭菜、青椒、红心紫薯及橘子等。

医学临床报告显示蓝莓中的花青素可促进视网膜细胞中视紫质的再生成，可预防重度近视及视网膜剥离，并可增强视力。富含花青素的食材：葡萄、蓝莓、紫甘蓝、紫薯、茄子等。

以上都是保护宝宝眼睛不可少的食材，妈妈还是要遵循饮食多样化的原则，每餐营养均衡就好。

玉米拌菜心

准备好：玉米粒30克、油菜心30克、香油少许、盐少许。

这样做：① 将玉米粒、油菜心分别洗净，入沸水中煮熟，捞出；② 将玉米粒、油菜心切碎；③ 在玉米粒和油菜心中加入香油和盐，搅拌均匀即可。

面团妈妈小唠叨

这道辅食适合1岁以上的宝宝。妈妈可以根据宝宝的咀嚼能力，将玉米粒适当切碎一点给宝宝吃。

营养小贴士

玉米中含有维生素A及叶黄素，这对宝宝的智力、视力等都有好处。玉米中还含有丰富的不饱和脂肪酸，这些营养物质都对宝宝的智力发展有利。

蓝莓燕麦羹

准备好：燕麦片20g、蓝莓5～6个、杏仁适量、核桃适量、牛奶200毫升。

这样做：① 杏仁、核桃磨碎，蓝莓洗净后切碎；② 先在汤锅中倒入牛奶，煮熟再倒入燕麦片；③ 随后放入坚果果仁碎，最后放入蓝莓碎粒即可。

面团妈妈小唠叨

这道辅食适合1岁的宝宝。蓝莓有恢复视力和增加记忆力的功效。妈妈挑选蓝莓时要挑饱满的、大小都差不多的。新鲜的蓝莓和葡萄一样，外表面有层白色的果粉。

营养小贴士

蓝莓保护眼睛、增强视力。蓝莓中的花青素可促进视网膜细胞中视紫质的再生，可预防宝宝重度近视及视网膜剥离，并可增进视力。

南瓜浓汤

准备好：南瓜200克、配方奶50毫升、高汤100毫升。

这样做：① 将南瓜去皮、籽，洗净，切丁，放入榨汁机中，加入高汤打成泥状；② 将南瓜泥取出，放入配方奶中，用小火煮沸，拌匀即可。

面团妈妈小唠叨

这道汤适合8个月以上的宝宝。南瓜较硬，去皮时要注意不要伤到手；选购时选择外形完整的。

营养小贴士

南瓜可以提供丰富的β-胡萝卜素、B族维生素、维生素C、蛋白质等，其中，β-胡萝卜素可以转化为维生素A。维生素A可以促进宝宝的眼睛健康发育，维护视神经健康。

第十一章

应对宝宝小毛病，
辅食怎么吃？

·································· · ··································

　　幼小娇嫩的婴儿，在爸爸妈妈眼里永远都是那个"含在嘴里怕化了，捧在手里怕碎了"的宝贝儿。这个时期，宝宝身体的各部分器官功能还不大完善，一旦有个头疼脑热、咳嗽流涕的，爸爸妈妈更是会像热锅上的蚂蚁一样急得团团转。但是宝宝6个月以后缺少从妈妈体内得到的抗体，会很容易生病。在生病期间可以吃些什么辅食？什么样的食物可以预防宝宝生病，提高免疫力呢？本章节会根据宝宝的常见病，介绍一些食疗的方法，帮助爸爸妈妈护理生病的宝宝。食疗也是一种辅助治疗的好方法，本章给爸爸妈妈一些有效的参考，一起帮助宝宝恢复健康。

宝宝小毛病之过敏

过敏是免疫系统对物质的过度反应。任何食物、空气内的附着物都会引起过敏。抗过敏食物有哪些？怎么从饮食上预防或减轻过敏症状？妈妈要避免喂宝宝易致敏的食物，注意辅食添加原则与顺序，来平衡饮食。

抗过敏食物有哪些？

苹果

苹果中的多酚能有效缓解过敏症状，因为苹果这种水果所富含的槲皮素能防止过敏和哮喘，它具有抗炎和抗组胺的特性。

酸奶

酸奶之中的益生菌能够减轻人体对花粉的过敏反应。益生菌有助于促进消化系统健康运转，防止免疫系统失效。它还能降低人体对过敏原的免疫反应，从而减轻体内炎症。

菜花

菜花含有槲皮素。菜花芽苗含有丰富的莱菔硫烷，这是一种强效的抗炎化合物。富含莱菔硫烷的菜花芽苗在刺激抗氧化反应方面具有明显的生物效应。

胡萝卜

胡萝卜中的β-胡萝卜素能有效预防花粉过敏症、过敏性皮炎等过敏反应。

金针菇

经常食用金针菇可以提高机体免疫力，从而增强易过敏人群的体质。而且，金针菇中含有一种具有抗过敏作用的蛋白，对湿疹、哮喘、鼻炎等过敏性疾病，有较好的抑制作用。

番茄

番茄富含维生素C。维生素C有助于抑制炎症，从而防止过敏症状的出现，如鼻塞。

胡萝卜苹果泥

准备好：苹果1/2个、胡萝卜1/2个。

这样做：① 胡萝卜、苹果洗净后，去皮切块，加水煮；② 将胡萝卜和苹果均放入料理机打成泥即可。

面团妈妈小唠叨

这道辅食适合7个月以上的宝宝。大一点的宝宝吃，妈妈可以在制作时保留一些颗粒。

营养小贴士

苹果中含有神奇的"苹果酚"，极易在水中溶解，易被人体所吸收。而且苹果酚能缓解过敏症状，有一定的抗过敏作用。

苹果酸奶沙拉

准备好：苹果1个、酸奶1杯、橙子1/2个。

这样做：① 苹果洗净后去皮、核，切成小丁；② 橙子去皮、籽，也切成同样大小的小丁；③ 将酸奶拌入混合好的苹果丁和橙子丁内即可。

面团妈妈小唠叨

这道辅食适合1岁的宝宝吃。如果小宝宝吃，就要把苹果和橙子颗粒做得更加小。

营养小贴士

苹果中含有"果胶"，这是一种水溶性食用纤维，能够影响肠内的不良细菌数量，帮助有益细菌繁殖；可使血液中致敏的组织浓度减低，从而起到预防过敏的作用。

西蓝花浓汤

准备好： 西蓝花3朵、配方奶50毫升。

这样做： ① 西蓝花掰成小朵，用水清洗干净；② 锅里放入适量清水，水开后把西蓝花放进锅里焯熟，沥干水备用；③ 把西蓝花和配方奶放进料理机里打成汁，而后将西蓝花浓汤放回锅内加热2分钟即可。

面团妈妈小唠叨

这道西蓝花浓汤适合6个月以上的宝宝。常吃西蓝花，可促进宝宝生长、维持牙齿及骨骼正常、保护视力、提高记忆力。

营养小贴士

西蓝花是一种常见的蔬菜，也是一种抗过敏的蔬菜，因为西蓝花中含有莱菔硫烷，这种成分能有效抑制过敏原对呼吸道造成的不良影响，从而减少过敏性哮喘、过敏性鼻炎的发生。

宝宝小毛病之湿疹

小儿湿疹是一种常见的过敏性疾病，其实有很多的因素都会导致小儿湿疹的发生。饮食是引起小儿湿疹的一个重要原因，因此，一旦宝宝出现湿疹，家长要"排查"宝宝的食物中是否存在过敏原。

专家建议，月龄较大的婴儿发生湿疹，可在日常饮食中选择一些可清热利湿的食物，如芹菜、西葫芦、丝瓜、冬瓜等；患干性湿疹的宝宝要多喝水，多吃一些富含维生素A和维生素B的食物；清淡少盐的食物可以减少湿疹的渗出液。

红豆薏米糊

准备好：红豆50克、薏米30克。

这样做：① 红豆和薏米分别洗净后用水浸泡1晚；② 将薏米和红豆一同放入高压锅内，加清水煮至软烂即可。

面团妈妈小唠叨

红豆和薏米大致按照2:1的比例放。这道汤如果小宝宝喝，就要把红豆放在搅拌机里搅拌一下，变成红豆沙再喝。

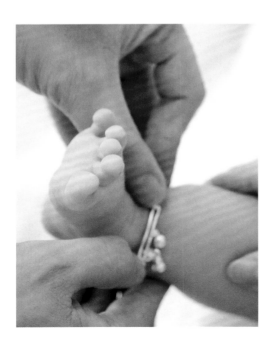

营养小贴士

红豆和薏米都是祛湿佳品，促进体内血液和水分的新陈代谢，有利尿消肿的作用，能够帮助身体排出多余水分。但是薏米偏凉性，建议妈妈将薏米炒熟后再使用。

番茄沙司通心粉

准备好：番茄1/2个、通心粉50克、猪肉馅30克、芹菜30克、植物油适量、番茄沙司适量、盐适量。

这样做：① 通心粉在水中煮熟后捞起，浸泡在凉水中；② 芹菜洗净，用刮皮刀刮去一层外皮，切成小丁；③ 番茄洗净后去皮，切成小块；④ 锅中倒入适量植物油烧热，放入猪肉馅和番茄翻炒均匀，加盐调味，再放入芹菜丁、通心粉、番茄沙司一起翻炒，炒熟即可。

面团妈妈小唠叨

这道辅食适合1岁的宝宝。番茄和芹菜都是很好的预防湿疹的食材。芹菜具有化湿、利湿等功效，可辅助防治湿疹。

营养小贴士

番茄内含番茄碱等物质，具有凉血平肝、清热等功效。番茄碱有抑菌消炎的作用，对于湿疹可起到止痒收敛的作用。

海带薏米冬瓜素汤

准备好：海带50克、冬瓜100克、薏米20克。

这样做：① 薏米洗净后用水浸泡1晚；② 冬瓜去皮，洗净后切薄片；③ 海带洗净后切成小片；④ 小汤锅加水，放入所有食材一同煮至软烂即可。

面团妈妈小唠叨

　　海带能提高机体的体液免疫能力，加强机体的细胞免疫，宝宝食用能提高自身抵抗力，增强抗病能力，强身健体。海带的正常颜色是深褐色，经盐制或晒干后，具有自然墨绿色或深绿色，但是如果颜色过于鲜艳，在购买时要慎重。

营养小贴士

　　薏米不仅含有高蛋白（约12.8%），而且还含有丰富的B族维生素、矿物质、膳食纤维等，是一种营养平衡的谷物。海带薏米冬瓜素汤有很好的健脾祛湿的作用，清热祛痘，对缓解湿疹症状有很好的作用。

山药薏米茯苓粥

准备好：山药30克、茯苓粉5克、薏米10克、小米100克。

这样做：① 山药去皮后切小块，泡在盐水里防止氧化；② 薏米和小米洗净后，用水泡一会儿，然后放入砂锅里，加入足量的清水，大火煮开后转小火熬至米烂；③ 加入山药和茯苓粉，继续煮20分钟即可。

面团妈妈小唠叨

山药切片后须立即浸泡在盐水中，以防止氧化发黑。

营养小贴士

山药有利于宝宝的脾胃功能，很适合宝宝，是很好的补益食材。茯苓具有渗湿利水、健脾和胃的作用。这款粥有很好的健脾胃、除湿、清热的作用，对湿疹有一定预防作用。

宝宝小毛病之便秘

便秘是经常困扰妈妈们的宝宝常见病症。大便干硬，隔时较久，有时2~3天排1次便，有时还排便困难……这些便秘现象的诱因很多，常见原因是消化不良，妈妈可以通过饮食加以调理改善。最重要的方法就是均衡膳食，增加膳食纤维的摄入。膳食纤维能促进肠道蠕动，从而通畅排便。宝宝可以多吃一些富含纤维素的食物，如果泥、果蔬汁、菜泥等。蔬菜、水果、杂粮、薯类都是富含丰富膳食纤维的食材，妈妈每天必须保证宝宝蔬菜的摄入，蔬菜以深色蔬菜为主，绿叶菜最好占一半左右。如果宝宝生活不规律，没有养成正常的排便习惯，也容易导致他们便秘，因此，妈妈要帮助宝宝养成定时排便的习惯，这很重要。

糙米糊

准备好：糙米粉2汤匙、温开水小半杯。

这样做：① 先取糙米粉2汤匙放入碗中，再加入温开水小半杯；② 用汤匙将其搅拌均匀，呈黏稠糊状即可。

面团妈妈小唠叨

在制作这道辅食时一定要用温开水，太烫的水容易使糙米糊结块，不易搅匀。

营养小贴士

糙米含丰富的膳食纤维，而膳食纤维有助于帮助胃肠道蠕动，促进消化，预防便秘。

紫甘蓝苹果玉米沙拉

准备好：苹果1/2个、紫甘蓝1～2片、酸奶1杯、玉米粒适量。

这样做：① 苹果洗净后去皮、核，切丁；② 将玉米加入锅中煮熟，捞起，备用；③ 紫甘蓝洗净后切碎；④ 玉米粒和苹果丁、紫甘蓝碎混合后淋入酸奶即可。

面团妈妈小唠叨

　　缓解宝宝便秘，苹果是首选。苹果中所含的果胶能使宝宝大肠内的大便变软；苹果丰富的纤维素可刺激宝宝肠道蠕动，促使大便通畅。因此，吃新鲜的苹果或者饮苹果汁能缓解便秘症状。

营养小贴士

　　紫甘蓝含大量纤维素，能够增强胃肠道的功能，促进肠道蠕动；搭配同样富含纤维素的苹果，很适合便秘宝宝食用。

甜玉米汤

准备好：新鲜甜玉米100克、鸡蛋1个、淀粉适量。

这样做：① 将玉米剥皮，掰下米粒，用清水洗净；② 锅中加入半锅清水，开大火将玉米粒煮开；③ 边搅边将打好的鸡蛋液倒入锅中，慢慢形成蛋花状；④ 将水淀粉慢慢加入汤中，搅拌至有点稠即可。

面团妈妈小唠叨

等水煮开后要不停地搅拌汤锅，蛋花不搅匀的话就很容易粘锅。

营养小贴士

玉米中含有大量的纤维素，可以刺激胃肠道蠕动，缩短肠内食物残渣的停留时间，有效地加速粪便排泄，从而把有害物质带出体外，对宝宝便秘有很好的防治作用。

香蕉大米粥

准备好：香蕉50克、大米20克。

这样做：① 香蕉去皮后切成小块，再用勺子背面压成糊状；② 将大米淘洗干净，放入清水锅中，熬煮成大米粥；③ 把香蕉糊放入大米粥中，再加入少许温水混合均匀，边煮边搅拌，5分钟后熄火即可。

面团妈妈小唠叨

这款粥的做法适合辅食添加初期的宝宝在便秘时食用。大一点的宝宝吃，可以保留香蕉颗粒，切成小块即可。

营养小贴士

香蕉富含纤维素，还有维生素A和维生素C，是促进宝宝肠道运动的好食材！妈妈们一定要常备！

宝宝小毛病之腹泻

腹泻是婴幼儿期宝宝经常会发生的病症。腹泻也有很多种类型，有生理性腹泻、感染性腹泻、胃肠功能紊乱性腹泻等。除了感染性腹泻需要根据医生的处方治疗外，很多腹泻是以饮食调理为主的。就算是发生感染性腹泻的宝宝，也需要饮食辅助治疗。除了要多喝水，补充身体丢失的水分外，腹泻宝宝还应该多吃温性食物、碱性食物，少吃含高纤维的果蔬。温性食物常指胡萝卜、桃、荔枝、桂圆、柑橘、橙子等。腹泻期间，宝宝的消化系统会异常脆弱，因此，应该多吃些不会刺激消化系统的温性食物，像寒凉性的食物要少吃，否则，会加重腹泻。

胡萝卜汤

准备好：胡萝卜1/2根。

这样做：① 将胡萝卜清洗干净，去皮，切成小块，放入搅拌机中搅拌成泥；② 将胡萝卜泥加水煮10分钟，用细筛过滤去渣；③在胡萝卜泥中加水并再次煮开即可。

面团妈妈小唠叨

煮熟的胡萝卜，含有果胶，可以收敛大便中的水分，从而缓解宝宝的腹泻。

营养小贴士

胡萝卜是碱性食物，所含的果胶能促使大便成形，调节肠道菌群，是一种良好的止泻食物。

焦米糊

准备好：大米50克。

这样做：① 将大米炒至焦黄，用搅拌机研成细末；② 焦米粉加入适量的水，煮成糊即可。

面团妈妈小唠叨

每次可以喝15~30毫升，宝宝腹泻好了，就要停喝焦米糊，以免引起便秘。

营养小贴士

炒焦的米做成的焦米粉已经部分炭化，加水以后再加热，就成了糊糊，更容易消化。焦米粉的炭化结构有较好的吸附止泻的作用。

蒸苹果泥

准备好：苹果1个。

这样做：① 苹果清洗干净，去皮、核，切小块，用搅拌机搅打成泥；② 将苹果泥放入蒸锅，隔水蒸熟即可。

面团妈妈小唠叨

蒸熟或煮熟的苹果可以缓解腹泻，而生苹果泥可以减轻或预防便秘。

营养小贴士

因蒸熟的苹果中含有鞣酸，具有收敛作用，并能吸附水分，故适合于小儿在患腹泻、痢疾后食用。

胡萝卜南瓜菜粥

准备好： 胡萝卜丁及南瓜丁共20克、水半杯、稀粥半碗。

这样做： ① 胡萝卜及南瓜切碎，加入半杯水，放入电磁炉加热约90秒；② 将变软后的混合物磨碎，放入碗中，再加入半碗粥搅拌。

面团妈妈小唠叨

胡萝卜里含有大量的β-胡萝卜素。如果在短时间内摄入大量β-胡萝卜素，肝脏来不及将其转化成维生素A，多余的β-胡萝卜素就会随着血液流到全身各处，这时宝宝就可能出现皮肤变黄的情况。只要停止食用胡萝卜，情况就会好转，妈妈不必过于担心。

营养小贴士

南瓜和胡萝卜含有丰富的β-胡萝卜素，可转化为维生素A，具有增强免疫力、帮助宝宝抵抗病原微生物入侵的作用。南瓜所含果胶可保护胃肠道黏膜，促进溃疡愈合。

胡萝卜汁汤面

准备好： 胡萝卜1根、面条适量。

这样做： ① 将胡萝卜清洗干净，去皮，切成小块，放入榨汁机中榨成汁；② 胡萝卜汁加水煮开，放入面条煮熟即可。

面团妈妈小唠叨

面条尽量煮烂一点，腹泻刚好的宝宝消化能力还没有恢复，煮得软一点更加适合他。

营养小贴士

这道辅食很适合腹泻刚刚停止的宝宝，可以很好地补充宝宝腹泻期间流失的水分，又有足够的碳水化合物，能促进宝宝康复。

宝宝小毛病之咳嗽

宝宝咳嗽是常发生的事，很多妈妈常常用各种所谓"有效"的方法为宝宝治疗疾病。各位妈妈请注意了，很多食物不仅不能帮助宝宝恢复健康，而且还会使宝宝的病情更加严重。除此之外，宝宝咳嗽的病因有很多种，妈妈们也要分清楚，对症下药。咳嗽有初咳、慢性咳嗽、支气管炎引发的咳嗽、哮喘、秋燥咳嗽、积食性咳嗽、过敏性咳嗽等。但是不论是哪种咳嗽，宝宝都应该积极喝水，饮食保持清淡、忌油腻、油炸、冷饮、鱼腥等食物。常见的去肺火食材有梨、马蹄、萝卜、菊花等。

水梨米汤

准备好：梨1/4个、大米30克。

这样做：① 将梨在清水中洗净，去除皮、核，切成小块，用榨汁机榨出梨汁备用；② 将大米在清水中淘洗干净，然后放入清水锅中熬煮成大米汤；③ 将梨汁和大米汤以1∶1的比例搅匀即可。

面团妈妈小唠叨

对于梨的选择，妈妈选择水晶梨等汁水多的品种就好。梨有些寒凉，处于腹泻中的宝宝暂时不要食用。

营养小贴士

梨对小儿肠炎、便秘、厌食、消化不良、清肺火等有一定的疗效，因此，梨与米汤搭配喂宝宝是不错的选择。

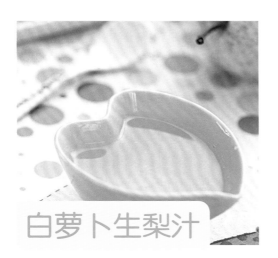

白萝卜生梨汁

准备好：小白萝卜30克、梨1/2个。

这样做：① 将小白萝卜在清水中洗净，去皮，切成细丝；② 梨洗净，去皮、核，切成薄片；③ 将白萝卜丝倒入锅内，加清水烧开，用小火炖10分钟后加入梨片，再煮5分钟，取汁即可食用。

面团妈妈小唠叨

食疗只是辅助治疗咳嗽的手段，不要完全依靠食疗，还是要找对原因正确用药，再加上平日的食疗，会更加有益。

营养小贴士

白萝卜富含维生素C、蛋白质等营养成分，具有止咳润肺的作用，非常适合宝宝食用哦。

马蹄爽

准备好：马蹄10个。

这样做：① 马蹄洗净，去皮，切成小块；② 马蹄块放入汤锅中，加适量水煮10分钟，过滤后取汁即可。

面团妈妈小唠叨

发热、咳嗽、多痰、咽干喉痛、消化不良、大小便不利的患儿也可多食用一些马蹄。选购马蹄时选皮呈淡紫红色、肉呈白色、芽粗短、无破损、带点泥土的为好。

营养小贴士

马蹄性寒，马蹄水能化痰、清热。此方对热性咳嗽且有痰的宝宝效果很好。马蹄还有促进宝宝生长发育和维持生理功能的作用，对牙齿和骨骼的发育有很大好处。

丝瓜汤

准备好：丝瓜1/2个、植物油适量。

这样做：① 丝瓜去皮，切薄片；② 放油少许，油热后倒入丝瓜片炒2分钟，至丝瓜变软；③ 加入开水，大火烧开，不盖锅盖，煮4分钟，待丝瓜完全变软即可。

面团妈妈小唠叨

　　丝瓜也可以切成丁进行制作，最后均煮至软烂即可。

营养小贴士

　　丝瓜含丝瓜皂苷、丝瓜苦味质、黏液质及瓜氨酸、糖、蛋白质、维生素C、维生素B等。丝瓜具有清热解毒的功效，也有化痰止咳的作用，适用于痰喘咳嗽、百日咳等症。

盐蒸橙子

准备好： 橙子1个、盐1/3匙（约2克）。

这样做： ① 彻底洗净橙子，可先在盐水中浸泡一会儿再洗净外表；② 将橙子割去顶，露出橙肉；③ 将少许盐均匀撒在橙肉上，用筷子戳几下，便于盐分渗入，另外用牙签插住橙子固定；④ 将橙子装在碗中，上锅蒸，水开后再蒸10分钟左右，取出后去皮，取果肉连同蒸出来的水一起吃。

面团妈妈小唠叨

切橙子时可以像做橙盅那样，切去橙子高度的1/5左右即可。

营养小贴士

这道辅食对感冒引起的咳嗽有减轻作用。1岁宝宝可一天吃1~2个橙子。

宝宝小毛病之上火

中医认为，小儿为"纯阳之体"，阳有余而阴不足，容易出现阴虚火旺、虚火上升的状况。事实上，宝宝的"火"通常都属于实火，一般是由于吃得过多引起的，也就是我们老说的"积食"，积食引发了上火。

其实积食还会引发咳嗽。有时候宝宝吃了太多巧克力、糖、肉、鱼虾等食物，就会出现积食、咳嗽、发热、呕吐及厌食等症状。积食性咳嗽最典型的症状是白天不咳，睡觉时平躺下来就咳个不停。如果宝宝睡熟后，半夜突然咳，妈妈要先警惕：宝宝是不是积食了。回忆一下宝宝最近阶段的饮食，同时观察宝宝舌头上的脾胃反射区，有没有舌苔厚、黄腻等症状，如果有，甚至还有口臭，就很可能是积食上火了。

妈妈就要注意这个阶段宝宝的饮食要清淡些，可以食用一些清火的蔬菜，如白菜、芹菜、莴笋等，还可以做一些去火汤之类的，比如说绿豆汤；也要培养宝宝喝白开水的习惯，补充宝宝体内所需的水分，同时，这也是在清理肠道、排除废物等。

黄瓜雪梨汁

准备好： 黄瓜1/2个、雪梨1/2个。

这样做： ① 黄瓜和雪梨均洗净，雪梨去核后切成块；② 食材都放入榨汁机内榨成汁即可。

面团妈妈小唠叨

妈妈也可以过滤一下果汁，使榨好的果汁口感更细腻一些。

营养小贴士

黄瓜具有清热、利水、除湿的作用，和雪梨搭配是很好的去火饮品，非常适合易上火的宝宝。

双豆百合粥

准备好：绿豆30克、莲子3枚、大米50克、鲜百合30克、赤小豆30克、冰糖适量。

这样做：① 绿豆、赤小豆、大米分别洗净，放入清水中浸泡2小时；② 百合掰成瓣，洗净；③ 莲子去心，洗净；④ 锅内倒入清水煮沸，放入绿豆、赤小豆、莲子、大米，先以大火煮沸，再转用小火熬煮，粥将煮好时放入百合煮至粥黏稠，加入冰糖煮化即可。

面团妈妈小唠叨

除了绿豆汤，新鲜的蔬菜、果汁等，也是能够起到"清火"的作用。

营养小贴士

绿豆的蛋白质的含量几乎是大米的3倍，多种维生素、钙、磷、铁等无机盐的含量都比大米多。因此，它不但具有良好的食用价值，还具有非常好的药用价值。

苦瓜蛋饼

准备好：苦瓜80克、鸡蛋1个、盐和植物油各适量。

这样做：① 苦瓜去籽，洗净，切成薄片，加少许盐揉擦，腌渍15分钟，然后放沸水中略焯一下；② 鸡蛋搅打均匀成蛋液，加少许盐；③ 锅中放入适量植物油，大火烧热后，先加入苦瓜略炒，然后倒入鸡蛋液，摊成饼，两面煎熟即可。

面团妈妈小唠叨

妈妈在给宝宝吃苦瓜之前应先把苦瓜放在沸水中焯一下，去除草酸。

营养小贴士

苦瓜中含有一种活性蛋白质，能激发人体免疫系统的防御功能，增强免疫细胞的活力，从而增强宝宝身体的抗病力。宝宝往往比大人更容易上火，苦瓜有助于消除暑热，对预防中暑、胃肠炎、咽喉炎等也有一些作用。

雪梨莲藕汁

准备好：莲藕1小节、雪梨1/2个。

这样做：① 莲藕和雪梨洗净后，分别削皮、切块；② 食材都放入榨汁机内榨成汁即可。

面团妈妈小唠叨

没有榨汁机的妈妈用料理机搅打后过滤，效果是一样的。莲藕外皮颜色应呈微黄色。莲藕本身只有一股泥土味，如果有酸味，说明是用工业药剂处理过的，不要买。

营养小贴士

莲藕有清热祛湿的功效，对于宝宝上火、肺热咳嗽有一定的缓解作用。而且莲藕的营养价值很高，富含铁、钙等矿物质、植物蛋白质、维生素及淀粉含量也很丰富，有明显的补益气血、增强宝宝免疫力的作用。

宝宝小毛病之感冒

换季时气温变化大，对于体温调节中枢和免疫功能尚未发育完善的小宝宝来说，稍有风吹草动，他们就易感冒，表现为发热、咽痛、声嘶、咳嗽、气喘等，要提高宝宝免疫力，一定要注意饮食均衡、营养全面。

小儿感冒，即急性上呼吸道感染，是宝宝最常见的疾病。按照中医的说法，感冒又分风寒感冒和风热感冒。

感冒期间可以让宝宝多吃一些含维生素C丰富的水果和果汁，吃一些清淡和容易消化的流质或半流质食物，如菜汤、稀粥、瘦肉汤等。病情恢复后期，可以多给宝宝补充瘦肉、鱼、豆腐等高蛋白食物，促进身体恢复。

白萝卜汤

准备好： 白萝卜1块。

这样做： ① 白萝卜洗净后去皮，切薄片，放在适量的清水中煮5～10分钟；② 滤除萝卜片，取汤汁即可。

面团妈妈小唠叨

这道汤适合风热感冒的宝宝。妈妈把汤水放凉至接近体温后，作为饮用水喂给宝宝。

营养小贴士

白萝卜具有清热下气、化痰的功效，对风热感冒和风热感冒引起的咳嗽、痰多和消化不良等症状有较好的辅助治疗作用。

什锦蔬菜粥

准备好：青菜20克、胡萝卜1/2个、香菇2朵、小米50克、葱适量、姜适量、植物油适量。

这样做：① 青菜、香菇、葱、姜洗净后，均切成碎末；② 胡萝卜洗净后去皮，也切成碎末；③ 锅内倒入几滴植物油，锅热后加入香菇、胡萝卜、葱末、姜末炒出香味；④ 小米煮成粥，倒入炒好的蔬菜末和青菜碎一同煮熟即可。

面团妈妈小唠叨

风寒感冒多食粥，有助于发汗、散热、祛风寒，有利感冒治愈。同时，感冒后的宝宝胃口较差，肠胃消化功能不好，喝粥可以促进吸收。

营养小贴士

这道粥里加了姜，主要也是起到祛风寒的作用，加上蔬菜的补充，可以很好地补充维生素，能够让宝宝发汗、通气，从而缓解风寒感冒症状。

橘皮姜丝汤

准备好：橘皮15克、姜10克、冰糖适量。

这样做：①橘皮洗净后切丝；②姜洗净后去皮，也切成丝；③锅中加清水，把姜丝放进去，用大火煮开，然后转小火煮3分钟；④再加入橘皮丝、冰糖，煮3分钟即可。

面团妈妈小唠叨

风寒感冒是受寒引起的，患儿多不发热或发热不重；打喷嚏；流清鼻涕，白色或稍带点黄色；鼻塞，声重；舌无苔或薄白苔。风寒感冒的宝宝在咳嗽期间不宜吃冷饮及寒凉性食物，如柿子、豆腐、绿豆芽、生梨等。妈妈可以用药店买来的陈皮，或是用自己剥的金橘皮制作该汤，取汤汁给宝宝喝。

营养小贴士

这款汤适合风寒感冒的宝宝。橘皮和姜都是辛温食材，可以祛风寒，发汗解表，通气。

水果藕粉

准备好：藕粉50克、梨1/2个。

这样做：① 将藕粉用温开水调匀；② 梨洗净，去皮、核，切碎；③ 将调好的藕粉倒入锅内，用小火慢慢熬煮，边熬边搅拌，直到熬透明为止；④ 加入切碎的梨末，稍煮即可。

面团妈妈小唠叨

　　风热感冒发热严重，但怕冷、怕风不明显；鼻子堵塞但流鼻涕；咳嗽声重，或有黏稠黄痰；头痛；口渴喜饮，咽红、干、痛、痒；大便干，小便黄。风热感冒宝宝要禁食肥甘厚味及油炸食品，因为油炸食品会加重胃肠负担，滋生痰液，使咳嗽难以痊愈。

营养小贴士

　　水果中的有机酸可促进消化，增加食欲；还能帮助宝宝在感冒期间补充丰富的维生素C，有散热润肺的作用，可以有效缓解宝宝风热感冒的症状。

宝宝小毛病之发热

给宝宝物理降温的智慧

发热应该是小儿最常见的病症了，可每当宝宝发热，爸爸妈妈还是会急得团团转，想为宝宝做点什么，希望宝宝能好得更快。发热是人体的防御系统和外来入侵的病原作战的结果。发热不是一个具体的疾病，而是很多疾病合并发展的一个过程。发热越厉害，说明人体的反抗能力越强，但并不意味着疾病越严重。

不是体温一高就是发热

宝宝的正常体温是可以在一定范围内波动的，短暂的体温波动，全身情况良好，又无明显症状，可以不认为是生病。通常体温在37.5～38摄氏度属于低热，38.1~39摄氏度属于中度发热，39.1~41摄氏度属于高热，大于41摄氏度属于超高热。

先来说说什么是体温上升期

为什么有的家长给宝宝量体温的时候，会发现体温还是38摄氏度，十几分钟以后，就成了39摄氏度了呢？因为宝宝正处在"体温上升期"。宝宝寒战，甚至起鸡皮疙瘩，是因为竖毛肌收缩形成的。皮肤血管开始收缩，排汗减少，引起反射性的竖毛肌收缩，从而导致产热增加。不久，宝宝就要"烧"起来了。这就是进入体温上升期了。

体温上升期用热毛巾还是冷毛巾降温？

宝宝处在体温上升期时，一定要用温热的毛巾，给宝宝擦擦腋窝、脖子、腿窝这些大血管分布的区域。虽然宝宝的体温可能还会上升，但是不会一下子升得太高而出现高热，甚至是惊厥。

面团妈妈小唠叨

处在体温上升期时，爸爸妈妈可不要想着这么热，给敷一下冷毛巾吧！因为此时宝宝体表本来就需要热量，你再用冷毛巾去争夺热量，那只能让中枢神经下达更"严厉"的命令，宝宝的体温肯定会升得更高了。

体温稳定期用冷毛巾还是热毛巾降温？

当宝宝的体温处在稳定期的时候，比如说，体温在短时间内一直维持在39摄氏度左右，这说明发热中枢介质释放完毕或暂告一段落。

这时，家长可以用冷一点的毛巾给宝宝敷一敷头部，或者用冷毛巾擦一擦腋窝、脖子、腿窝等大血管分布的区域。这样可以帮助宝宝降温，也可以避免宝宝的体温再次升高。

最后再次提醒爸爸妈妈：体温上升期用热毛巾，体温稳定期、下降期用冷毛巾，这是给宝宝物理降温的智慧，可别用反了哦！

西瓜汁

准备好：西瓜适量。

这样做：① 用勺挖出果肉；② 将果肉放入榨汁机内榨成汁即可。

面团妈妈小唠叨

宝宝在发热的时候，补水是非常重要的，因此，在感冒发热期间，不妨适量地让宝宝饮用一些西瓜汁。它不仅仅具有清热、利尿的功效，同时，还能有效地促进毒素的排泄。

营养小贴士

西瓜具有清热解暑、泻火除烦的功效，对于发热有很好的缓解作用。西瓜的含水量在水果中是首屈一指的，因此，在宝宝急性热病发热、口渴汗多、烦躁时，饮适量西瓜汁是很有益处的。

大米汤

准备好： 大米50克。

这样做： ① 将大米在清水中淘洗干净，锅内倒入适量清水，用小火将其烧开；② 待锅内水烧开后，放入淘洗干净的大米，继续以大火煮开，转成小火将其煮成黏稠状，取上层米汤即可食用。

面团妈妈小唠叨

　　发热的时候宝宝食欲差，这时应以流质食物为主，像米汤、绿豆汤都很适合这个特殊时期的宝宝。

营养小贴士

　　米汤的味道非常香甜，并且含有丰富的蛋白质、脂肪、碳水化合物及钙、磷、铁、维生素C、B族维生素等，是宝宝非常好的辅食之一。米汤还有养胃的作用，很适合发热时期的宝宝食用！

香蕉牛奶

准备好： 香蕉1根、牛奶100毫升。

这样做： ① 香蕉去皮，切成小块；② 将牛奶和香蕉块一同放入搅拌机内搅打均匀即可。

面团妈妈小唠叨

　　宝宝在发热期间如果能吃一些水果，有助于退热。

营养小贴士

　　牛奶可供给孩子一定量的蛋白质，香蕉属于寒凉性质的水果。寒凉性质的水果有很好的退热作用。香蕉还可以在宝宝发热时增加宝宝的食欲。

梨汁马蹄饮

准备好： 水晶梨1个、马蹄5个。

这样做： ① 梨和马蹄洗净后去皮，分别切成小丁；② 梨和马蹄一起放入榨汁机里打成汁。

面团妈妈小唠叨

妈妈也可以用料理机，如果不容易打碎果肉，可以加少许水，用筛网把汁过滤出来，以免影响口感和效果。

营养小贴士

马蹄又名"荸荠"，是寒性食物，既可清热泻火，又可补充营养，对于发热初期的宝宝有一定辅助退热作用。

要做个"挑挑拣拣"的妈妈，宝宝以后才不会挑食

什么吃的好看不能吃？什么颜色的蔬菜营养多？什么零食要不得？什么饮料不能喝？做个"挑挑拣拣"的妈妈，才是保证宝宝营养均衡不挑食的关键。

爸爸妈妈的困惑：

宝宝平时挑食，每天爷爷奶奶做那么多好吃的就是不吃，就喜欢吃零食。老人从来不含糊，要吃就买，但是这些零食该怎么挑拣真是个问题。

面团妈妈回答：

有些看似好看，宝宝爱吃的零食多数是添加剂的组合，而在平时给宝宝吃的东西里，有些是不能少的，有些是可以偶尔来点的，怎么掌握这个量和种类，家长还要心里有数。

这些肉类不能少，可常吃

可以常吃的肉类：鱼、虾、牛肉和禽类。肉类是指畜、禽的肌肉及其内脏，以及鱼肉等动物性食品。肉类蛋白质含量丰富且质优，还有丰富的矿物质如铁、锌，和维生素B_{12}及维生素A，其中，以肝脏含量最丰富。这些营养素在素食中含量很少，且牛奶和鸡蛋中铁、锌含量也不多，故而不能取代肉类。

牛肉的蛋白质含量高，特别适合宝宝生长需要，且脂肪含量少，可以防止肥胖。婴幼儿生长发育旺盛，需要的蛋白质和微量元素、维生素都较多，长期进食肉类过少会导致蛋白质、铁、锌和维生素A等缺乏，易导致消瘦、免疫力低下、贫血，进而影响生长发育。

7～12个月：每天蛋类50克、肉类25~40克。

1～3岁：各种肉类总计每天100克。

学龄前儿童：每天蛋类60克、鱼35克、禽或畜肉25克。

这些肉类要少吃或不吃

烤肠

我们常在街上看到宝宝手里拿着烤肠。烤肠在加工中，常添加发色剂亚硝酸盐，其在体内会转化为致癌物亚硝胺，可导致食道癌、胃癌等。很多熟食看上去颜色鲜艳，其实也加入了亚硝酸盐(正常煮熟的肉，如猪肉或牛肉的颜色为灰色或发暗)。烤肠在持续烤的过程中，同样会产生一些不健康的物质。因此，不应给3岁以下的宝宝吃烤肠或香肠，及市售颜色较鲜艳的熟肉类食品。

肉松

有的妈妈会给8个月后的宝宝吃肉松，觉得肉松很健康、很方便。事实上，肉松属于深加工肉类，在加工过程中，需要加入大量的酱油、糖等，因而含有较高的热量和盐，还可能会造成维生素的破坏，且肉松的原料也有不安全因素，因此，不建议给婴幼儿吃市售肉松。

烤肉

肉在高温炭火烧烤中，脂肪会在高温下分解或聚合产生有害物，如致癌物苯并芘。对于酷爱烤肉的宝宝，要控制进食数量及次数，并注意烤肉要避免在明火上直接烤制，同时，多吃新鲜的蔬果。另外，腌肉、熏肉也要少吃。

这些蔬菜要多吃

深色蔬菜是宝宝餐桌首选蔬菜。蔬菜可以分为深色和浅色两大类。那些绿色、深绿色、红色、黄色及紫红色的蔬菜都属于深色蔬菜。常见的深绿色蔬菜包括菠菜、油菜、芹菜叶、空心菜、莴笋叶、芥菜、西蓝花、小葱、茼蒿、韭菜、萝卜缨等。常见的红色、橘红色蔬菜包括番茄、胡萝卜、南瓜等。常见的紫红色蔬菜包括红苋菜、紫甘蓝等。

深色叶类蔬菜的营养价值是蔬菜中的佼佼者，因为其含有较多的维生素C、β-胡萝卜素、维生素B_2、叶酸、维生素K、钾、钙、镁、铁及膳食纤维。深色蔬菜的维生素平均含量居各类蔬菜之首。

不爱吃蔬菜怎么办？

把蔬菜"藏"起来

很多宝宝不爱吃大根的蔬菜，或是香味很重的蔬菜，比如香菜这样的。那怎么可以让他们乖乖吃蔬菜呢？最好的办法还是把蔬菜藏起来……宝宝大都爱吃带馅儿的食品，如不喜欢吃胡萝卜的宝宝对混有胡萝卜馅儿的饺子其实是并不拒绝的，在做饺子馅时，妈妈可以第一次少加胡萝卜多加鸡蛋或肉，而后每次增加胡萝卜的量，这样宝宝会慢慢接受这个味道。切记"罗马不是一天建成的"，这是个需要耐心的大工程，一定要坚持。

把蔬菜变成别的样子

很多宝宝不爱吃蔬菜是因为每次蔬菜都被炒成一盘，都是一个样子，甚至连盘子都一样……宝宝觉得蔬菜很单调，不爱吃。妈妈可以换个思路，给蔬菜变换个造型，摆个可爱点的样子，或者换个可爱的盘子。

而且蔬菜不一定要炒着吃，还可以和水果在一起榨汁喝。虽然蔬菜的纤维是少了很多，但是蔬菜的维生素没被浪费掉啊！这些办法都尝试一下。

这些零食要少吃或不吃

零食是指正餐（一日三餐）以外所吃的所有食物和（或）饮料，但不包括水。一般情况下，宝宝要尽可能少吃零食，可在适当的时间(两餐之间、午睡之后)选择奶类、果蔬类、坚果(花生、瓜子等)类等做零食；尽量不选或少选糖、话梅、炸土豆片、炸土豆条、冰淇淋、膨化食品和烤羊肉串等食物，以及冰镇的碳酸饮料等。

高钙食物要多吃

奶及奶制品是宝宝一天少不了的食物

不管宝宝多大了，奶制品每天都要有。牛奶中所含的蛋白质属于优质蛋白质，它能够提供机体合成蛋白质所必需的氨基酸；能够补充大量的钙质，是补钙的最佳食品。学生如果饮用牛奶后出现腹胀、腹痛或腹泻等症状，可以改喝酸奶或者豆浆。

1～3岁幼儿，建议每天饮不低于600毫升牛奶。

3岁以上的儿童，每天喝一杯牛奶。如果还想多补充奶制品，可以再喝一小杯（100～150毫升）酸奶。每天奶制品摄入总量建议不超过500毫升。

小学生每天要喝一袋奶。在通常情况下，应该在早餐时让他喝一袋250毫升左右的牛奶。

其他高钙食物也要常吃

虾皮、海带、紫菜、骨头汤及芝麻酱等食物中也含有丰富的钙。

除此之外，宝宝还要注意补充维生素D，因为钙在体内的吸收需要维生素D的促进作用。可让宝宝常吃富含维生素D的食物，如肝脏和蛋黄。

图书在版编目（CIP）数据

宝宝辅食添加百科 / 李佳编著. -- 成都 : 四川科学技术出版社, 2018.8
ISBN 978-7-5364-9153-3

I. ①宝… II. ①李… III. ①婴幼儿—食谱 IV. ①TS972.162

中国版本图书馆CIP数据核字（2018）第189396号

宝宝辅食添加百科
BAOBAO FUSHI TIANJIA BAIKE

出 品 人　钱丹凝
编 著 者　李 佳
责 任 编 辑　李 栎　戴 玲
封 面 设 计　秦 冬
责 任 出 版　欧晓春
出 版 发 行　四川科学技术出版社
　　　　　　地址　成都市槐树街2号　　邮政编码　610031
　　　　　　官方微博　http://e.weibo.com/sckjcbs
　　　　　　官方微信公众号　sckjcbs
　　　　　　传真　028-87734035
成 品 尺 寸　170mm×230mm
印 　 张　14
字 　 数　230千
印 　 刷　北京尚唐印刷包装有限公司
版次/印次　2018年9月第1版　2018年9月第1次印刷
定 　 价　45.00元

ISBN 978-7-5364-9153-3